Kai Wörner

System zur dezentralen Planung von Entwicklungsprojekten im Rapid Product Development

mit 48 Abbildungen

Dr.-Ing. Kai Wörner
Fraunhofer-Institut für Arbeitswirtschaft und Organisation (IAO), Stuttgart

Prof. Dr.-Ing. Dr. h. c. mult. H. J. Warnecke
o. Professor an der Universität Stuttgart
Präsident der Fraunhofer-Gesellschaft, München

Prof. Dr.-Ing. Dr. h. c. E. Westkämper
o. Professor an der Universität Stuttgart
Fraunhofer-Institut für Produktionstechnik und Automatisierung (IPA), Stuttgart

Prof. Dr.-Ing. habil. Prof. e. h. Dr. h. c. H.-J. Bullinger
o. Professor an der Universität Stuttgart
Fraunhofer-Institut für Arbeitswirtschaft und Organisation (IAO), Stuttgart

D 93

ISBN-13: 978-3-540-65637-1 e-ISBN-13: 978-3-642-47973-1
DOI: 10.1007/978-3-642-47973-1

Gesamtherstellung: Copydruck GmbH, Heimsheim
SPIN 10716409 62/3020–5 4 3 2 1 0

System zur dezentralen Planung von Entwicklungsprojekten im Rapid Product Development

Von der Fakultät Konstruktions– und Fertigungstechnik
der Universität Stuttgart
zur Erlangung der Würde eines Doktor–Ingenieurs (Dr.–Ing.)
genehmigte Abhandlung

vorgelegt von
Dipl.–Ing. Kai Wörner
aus Stuttgart

Hauptberichter:	Prof. Dr.–Ing. habil. H.-J. Bullinger
Mitberichter:	Prof. Dr.–Ing. E. Westkämper

Tag der Einreichung:	22.April 1998
Tag der mündlichen Prüfung:	7. Dezember 1998

Geleitwort der Herausgeber

Über den Erfolg und das Bestehen von Unternehmen in einer marktwirtschaftlichen Ordnung entscheidet letztendlich der Absatzmarkt. Das bedeutet, möglichst frühzeitig absatzmarktorientierte Anforderungen sowie deren Veränderungen zu erkennen und darauf zu reagieren.

Neue Technologien und Werkstoffe ermöglichen neue Produkte und eröffnen neue Märkte. Die neuen Produktions- und Informationstechnologien verwandeln signifikant und nachhaltig unsere industrielle Arbeitswelt. Politische und gesellschaftliche Veränderungen signalisieren und begleiten dabei einen Wertewandel, der auch in unseren Industriebetrieben deutlichen Niederschlag findet.

Die Aufgaben des Produktionsmanagements sind vielfältiger und anspruchsvoller geworden. Die Integration des europäischen Marktes, die Globalisierung vieler Industrien, die zunehmende Innovationsgeschwindigkeit, die Entwicklung zur Freizeitgesellschaft und die übergreifenden ökologischen und sozialen Probleme, zu deren Lösung die Wirtschaft ihren Beitrag leisten muß, erfordern von den Führungskräften erweiterte Perspektiven und Antworten, die über den Fokus traditionellen Produktionsmanagements deutlich hinausgehen.

Neue Formen der Arbeitsorganisation im indirekten und direkten Bereich sind heute schon feste Bestandteile innovativer Unternehmen. Die Entkopplung der Arbeitszeit von der Betriebszeit, integrierte Planungsansätze sowie der Aufbau dezentraler Strukturen sind nur einige der Konzepte, welche die aktuellen Entwicklungsrichtungen kennzeichnen. Erfreulich ist der Trend, immer mehr den Menschen in den Mittelpunkt der Arbeitsgestaltung zu stellen - die traditionell eher technokratisch akzentuierten Ansätze weichen einer stärkeren Human- und Organisationsorientierung. Qualifizierungsprogramme, Training und andere Formen der Mitarbeiterentwicklung gewinnen als Differenzierungsmerkmal und als Zukunftsinvestition in *Human Resources* an strategischer Bedeutung.

Von wissenschaftlicher Seite muß dieses Bemühen durch die Entwicklung von Methoden und Vorgehensweisen zur systematischen Analyse und Verbesserung des Systems Produktionsbetrieb einschließlich der erforderlichen Dienstleistungsfunktionen unterstützt werden. Die Ingenieure sind hier gefordert, in enger Zusammenarbeit mit anderen Disziplinen, z. B. der Informatik, der Wirtschaftswissenschaften und der Arbeitswissenschaft, Lösungen zu erarbeiten, die den veränderten Randbedingungen Rechnung tragen.

Die von den Herausgebern langjährig geleiteten Institute, das

- Institut für Industrielle Fertigung und Fabrikbetrieb der Universität Stuttgart (IFF),

- Institut für Arbeitswissenschaft und Technologiemanagement (IAT),

- Fraunhofer-Institut für Produktionstechnik und Automatisierung (IPA),

- Fraunhofer-Institut für Arbeitswirtschaft und Organisation (IAO) arbeiten in grundlegender und angewandter Forschung intensiv an den oben aufgezeigten Entwicklungen mit. Die Ausstattung der Labors und die Qualifikation der Mitarbeiter haben bereits in der Vergangenheit zu Forschungsergebnissen geführt, die für die Praxis von großem Wert waren. Zur Umsetzung gewonnener Erkenntnisse wird die Schriftenreihe „IPA-IAO - Forschung und Praxis" herausgegeben. Der vorliegende Band setzt diese Reihe fort. Eine Übersicht über bisher erschienene Titel wird am Schluß dieses Buches gegeben.

Dem Verfasser sei für die geleistete Arbeit gedankt, dem Springer-Verlag für die Aufnahme dieser Schriftenreihe in seine Angebotspalette und der Druckerei für saubere und zügige Ausführung. Möge das Buch von der Fachwelt gut aufgenommen werden.

H. J. Warnecke E. Westkämper H.-J. Bullinger

Vorwort

Die vorliegende Arbeit entstand während meiner Tätigkeit als wissenschaftlicher Mitarbeiter am Fraunhofer-Institut für Arbeitswirtschaft und Organisation (IAO), Stuttgart.

Herrn Prof. Dr.-Ing. habil. Prof. e. h. Dr. h. c. H.-J. Bullinger, Leiter des Instituts für Arbeitswissenschaft und Technologiemanagement (IAT) der Universität Stuttgart und des Fraunhofer-Instituts für Arbeitswirtschaft und Organisation (IAO) in Stuttgart, gilt für die wissenschaftliche Unterstützung und wohlwollende Förderung dieser Arbeit mein herzlicher Dank.

Herrn Prof. Dr.-Ing. Dr. h. c. E. Westkämper, Leiter des Instituts für Industrielle Fertigung und Fabrikbetrieb (IFF) der Universität Stuttgart und des Fraunhofer-Instituts für Produktionstechnik und Automatisierung (IPA) danke ich für die Übernahme des Mitberichts, die eingehende Durchsicht meiner Dissertation und das Interesse an der Arbeit.

Allen ehemaligen Kollegen und wissenschaftlichen Hilfskräften, die zum Gelingen dieser Arbeit beigetragen haben, möchte ich meinen herzlichsten Dank aussprechen. Dieser Dank gilt insbesondere Dr.-Ing. D. Fischer, Dipl.-Ing. P. Ohlhausen, Dipl.Math. M. Scheiffele, Dipl.-Ing. K. Wagner sowie Dr.-Ing. habil. J. Warschat. Für die wertvollen (und meist arbeitsreichen) Hinweise und Denkanstöße möchte ich Dr.-Ing. J. Frech meinen herzlichen Dank aussprechen. Hervorheben möchte ich Dipl.-Inform. M. Diederich, der die Programmierarbeiten maßgeblich bestimmt hat. U. Pflüger und A. Conrad trieben dem Manuskript die Fehler aus, dafür ein herzliches Dankeschön.

An dieser Stelle möchte ich mich vor allem bei meiner Frau Antje bedanken, ohne deren Rückhalt und Geduld diese Arbeit nicht möglich gewesen wäre.

Stuttgart, Dezember 1998 — Kai Wörner

0 Abkürzungen und Abbildungsverzeichnis

0.1 Abkürzungen

A	Anforderung
AA	Aufgabenbezogene Anforderung
AIM	Aktivitäten-Informations-Matrix
AM	Informationsabstimmende Methoden
BM	Informationsbewertende Methoden
CAD	Computer Aided Design
CIMOSA	CIM Open System Architecture
CPM	Critical-Path-Method
CSCW	Computer Supported Cooperative Work
DB	Datenbank
DIN	Deutsches Institut für Normung
DSM	Design Structure Matrix
DV	Datenverarbeitung
EDM	Engineering Data Management
EDV	Elektronische Datenverarbeitung
EM	Informationserzeugende Methoden
ERD	Entity-Relationship Diagram
FA	Formal-logische Anforderung
FAZ	Frühester Anfangszeitpunkt
FEM	Finite Elemente Methode
FEZ	Frühester Endzeitpunkt
F&E	Forschung und Entwicklung
FOK	First Order Kriterium
GERT	Graphical Evaluation and Review Technique
IAM	Informations-Abhängigkeits-Matrix
IUM	Integriertes Unternehmensmodell
JSD	Jackson System Development
K	Kennzahl
KI	Künstliche Intelligenz
KSA	Kommunikationsstrukturanalyse
MADM	Multi-Attributive Decision Making
MAPS	Multi-Agenten Planungssystem
MIM	Methoden-Informations-Matrix
MODM	Multi-Objective Decision Making
MPM	Metra-Potential-Method

MT	Modulteam
NPT	Netzplantechnik
PDA	Produktdefinierende Aktivität
PDI	Produktdefinierende Information
PDM	Precedence Diagramming Method
PERT	Program Evaluation und Review Technique
PJA	Projektdefinierende Aktivität
PJI	Projektdefinierende Information
PNEP	Produkt- bzw. projektneutraler Entwicklungsplan
PPS	Produktionsplanungs-System
R	Randbedingung
RPD	Rapid Product Development
RTP	Rahmenterminplan
S	Szenario
SA	Structured Analysis
SADT	Structured Analysis and Design Technique
SAZ	Spätester Anfangszeitpunkt
SE	Simultaneous Engineering
SEZ	Spätester Endzeitpunkt
SOK	Second Order Kriterium
STA	Strukturelle Anforderung
TOPP	Teamorientiertes Projektplanungssystem
TZ	Durchlaufzeit
VDI	Verein Deutscher Ingenieure

0.2 Verzeichnis der Abbildungen

1 Einleitung

In den heutigen und zukünftigen Märkten nimmt die Entwicklung neuer Produkte zunehmend einen zentralen Stellenwert ein /23/. Voraussetzung für den Erfolg eines Produkts am Markt ist die Ausrichtung auf den Kunden, um dessen Bedürfnisse und Erwartungen möglichst umfassend zu erfüllen /167/. So sind nicht mehr ausschließlich Preis, Innovationsgrad und Qualität des Produkts entscheidend. Vielmehr sind die Produkte zum richtigen, meist möglichst frühen Zeitpunkt auf den Markt zu bringen. Der momentane Trend zur Verkürzung der Entwicklungszeiten wird sich hierbei in Zukunft fortsetzen /24/.

Die Situation wird dadurch verschärft, daß eine steigende Produktkomplexität zu einem höheren Entwicklungsaufwand führt /44/. Ferner hat der intensivierte Wettbewerb eine größere Marktdynamik und damit die Forderung nach kürzeren Produktinnovationszyklen zur Folge. Die Ursache für die Schwierigkeiten der Unternehmen, schnell und flexibel auf Markt- und Kundenforderungen reagieren zu können, liegt häufig in arbeitsteiligen, sequentiellen und starren Abläufen der Produktentstehung begründet /49/, /171/. Dies führt zu einem unzureichenden Informationsaustausch sowie zu zeit- und kostenintensiven Anpassungen des Entwicklungsprozesses aufgrund neuer Erkenntnisse oder sich ändernder Randbedingungen und Zielsetzungen.

Lösungspotentiale für die genannte Problemstellung liegen in der Organisation der an der Produktentstehung beteiligten Bereiche im Sinne einer auf Markt und Kunden ausgerichteten, evolutionären Produktentwicklung. Sie wird auch als Rapid Product Development (RPD) bezeichnet /22/. Neben der gezielten Nutzung schneller Iterationszyklen ist RPD durch die situationsgerechte Verwendung von Prototypen sowie durch die selbstorganisierten Entwicklungsteams gekennzeichnet /41/. Gelingt es, die Markt- und Kundenanforderungen an das zu entwickelnde Produkt als Eingangsgröße in den Prozeß vollständig und exakt zu fassen, so ist der Erfolg des Entwicklungsprojekts zu einem wesentlichen Teil vom Projektmanagement abhängig /121/, /122/. Eines der Hauptelemente stellt hierbei die Projektplanung dar.

In komplexen Entwicklungsprojekten bieten neben der Systemtechnik und der VDI-Richtlinie 2221 rechnergestützte Planungssysteme Möglichkeiten zur zielführenden Projektplanung /33/, /63/, /164/, /163/. Sowohl die VDI-Richtlinie als auch systemtechnische Methoden, wie beispielsweise die Szenariotechnik, sind geeignet, Entwicklungsprozesse zu gliedern, funktionale, hierarchische und logische Abhängigkeiten zwischen Vorgängen zu identifizieren sowie Alternativen abzuschätzen. Sie bieten jedoch bei der Definition von Vorgangsfolgen entsprechend der Projektzielsetzung und den Randbedingungen keine Unterstützung.

Rechnergestützte Planungssysteme sind grundsätzlich geeignet, Vorgangsfolgen zu generieren. Sie stellen somit eine sinnvolle und notwendige Ergänzung zu den beschriebenen Methoden dar /54/. Die derzeit verfügbaren Systeme sind jedoch im RPD nur bedingt einsetzbar /19/. So stehen weder geeignete Methoden zum dezentralen Aufbau teambezogener Teilpläne noch zu deren Koordination zur Verfügung. Weiter fehlt ein integriertes Informationsmanagement im Sinne der Bereitstellung und Nutzung aller relevanten Sachverhalte für die Planung. Aufgrund dezentraler Verantwortlichkeiten für Planung und Durchführung entstehen neue Anforderungen an die Qualität der Darstellung logischer Abhängigkeiten zwischen den Vorgängen. Insbesondere die differenzierte Abbildung zeitlicher Abhängigkeiten, von zu planenden Vorgängen kooperierender Entwicklungsteams /138/, ist durch heutige Planungssysteme für den F&E-Bereich nicht zufriedenstellend möglich. Ferner ist mit diesen Systemen keine situationsspezifische Auswahl von Plänen, wie sie für evolutionäre Entwicklungsprozesse notwendig wäre, gewährleistet. Die Auswahl ist hauptsächlich durch das Expertenwissen des jeweiligen Planers geleitet.

Außerdem sind unvollständige und inkonsistente Planungsdaten für dezentrale und komplexe Entwicklungsprozesse typisch. Diese können so durch die heutigen Systeme nicht verarbeitet werden. Die Effizienz planender und damit letztendlich auch überwachender Prozesse leidet zudem dadurch, daß die dafür notwendige Logistik planungsrelevanter Informationen nicht in die Systeme integriert ist. So ist beispielsweise der Austausch von Schnittstelleninformationen oder das Erstellen regelmäßiger Fortschrittsberichte aus datentechnischer Sicht nicht vollständig interpretierbar und damit durch ein System nicht effizient zu unterstützen.

Aufgrund dieser Defizite und Probleme sind sowohl Unternehmen, die einen evolutionären Produktentwicklungsansatz verfolgen, als auch solche, die ihre Entwicklungsstrukturen dezentralisiert haben, bestrebt, die Planung durch neue Werkzeuge und Hilfsmittel zu unterstützen. Ziel ist es, mittels eines rechnergestützten Planungssystems Zeit-, Kosten- und Qualitätspotentiale zu erschließen. Hierbei werden drei komplementäre Ansätze zur Lösung der dargelegten Probleme verfolgt und in einem System integriert.

Der Erfolg von evolutionären Produktentwicklungsprozessen, wie es der RPD-Ansatz darstellt, ist zu einem großen Teil von der Qualität der Planung abhängig /7/, /45/, /69/, /98/, /145/. So wird zum einen eine **Planberechnung** angestrebt, die sich dem Typ der Entwicklungsaufgabe und der spezifischen Projektsituation anpaßt.

Zum anderen sind aufgrund der im RPD postulierten, selbstorganisierten Entwicklungsteams **Mechanismen zur Koordination** der dezentral geplanten Teilpläne bzw. Vorgangsfolgen eine grundlegende Voraussetzung für deren harmonische, zielführende und effiziente Zusammenarbeit /8/, /10/, /14/, /29/, /102/, /173/, /175/. Der Plan selbst stellt hierbei ein wesentliches Koordinationsinstrument innerhalb von Organisationen dar /80/.

Weiterhin bildet ein systemseitig **integriertes Management von Planungsinformationen** zur vollständigen Abbildung, Verteilung und Interpretation aller planungsrelevanten Daten vielversprechende Potentiale /12/, /34/, /63/, /97/, /151/, /160/.

Durch den Einsatz rechnergestützter Systeme werden die beschriebenen Aufgaben und Prozesse im Sinne der Optimierung von Zeit, Kosten und Qualität effizient unterstützt /35/, /71/, /90/, /91/, /112/, /138/, /151/, /170/.

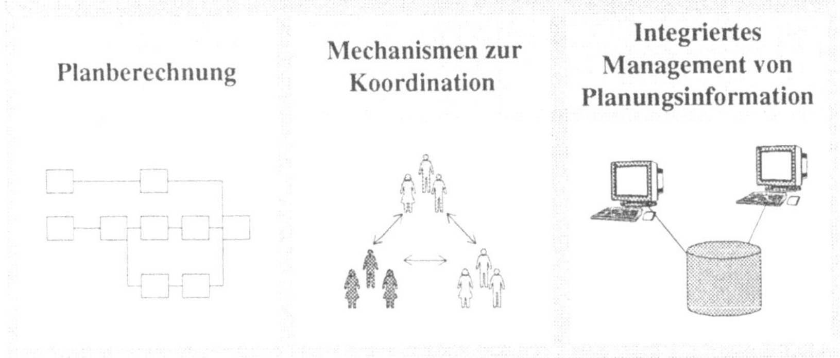

Bild 1: Ansätze für die dezentrale Planung von Entwicklungsprojekten im RPD

Die aufgeführten Ansätze sowie die dargelegten Defizite ergeben die Motivation der vorliegenden Arbeit. Hierbei ist ein rechnergestütztes **System zur dezentralen Planung von Entwicklungsprojekten im RPD** zu konzipieren und prototypisch zu implementieren. Es soll eine dezentrale Berechnung von Teilplänen, welche die jeweilige Situation und den jeweiligen Prozeß berücksichtigt, erlauben. Die zu entwickelnden Koordinationsmechanismen stellen die Konsistenz der, durch die dezentral operierenden Entwicklungsteams generierten und verantworteten, Teilpläne sicher. Beide Ansätze sind in das integrierte Management der Planungsinformationen eingebettet.

2 Stand der Technik in der rechnergestützten Projektplanung

Dieses Kapitel definiert anfangs die für das Verständnis der vorliegenden Arbeit wichtigen Begriffe. Anschließend werden anhand der Randbedingungen (R) bei der Produktentwicklung und im speziellen bei der Produktentwicklung mit einem RPD-Ansatz die Anforderungen (A) an entsprechende rechnergestützte Planungssysteme abgeleitet. Das Kapitel zum Stand der Forschung untersucht die für die spätere Zielsetzung der Arbeit relevanten Planungsprinzipien, rechnergestützte Planungssysteme für den F&E-Bereich, Mechanismen zur Koordination dezentral geplanter Teilpläne sowie Ansätze zum integrierten Management von Planungsinformationen.

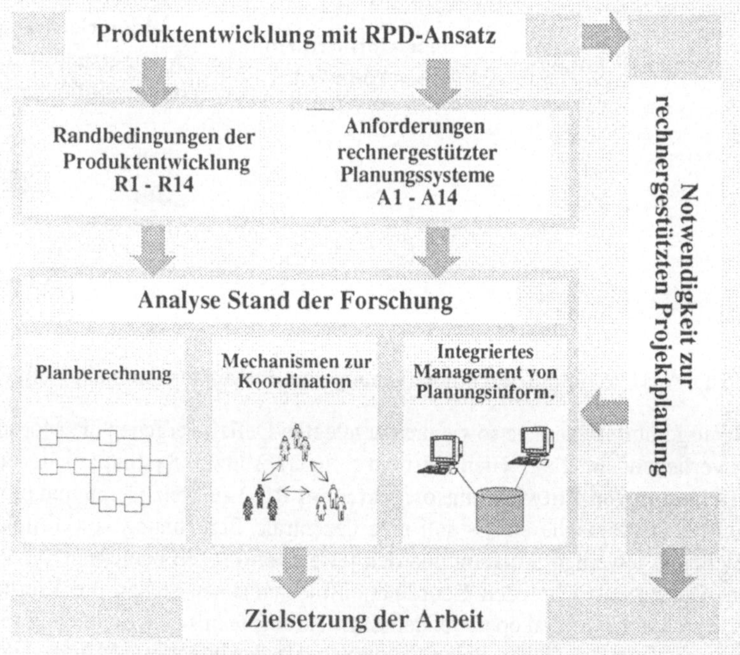

Bild 2: Logische Ableitung der Arbeitszielsetzung

Der Forschungsstand wird mit den Anforderungen (A) an ein rechnergestütztes Planungssystem und den Randbedingungen (R) bei der Produktentwicklung mit einem RPD-Ansatz verglichen, um so die Defizite herauszuarbeiten und die Zielsetzung der Arbeit abzuleiten.

2.1 Begriffsbestimmungen

Schwerpunkt dieses Abschnitts sind die Definitionen der Begriffe, die für die vorliegende Arbeit von Bedeutung sind. Im einzelnen werden die Begriffe

- Produktentwicklung
- Projektmanagement
- Planung
- System
- Dezentralisierung
- Selbstorganisation
- Komplexität
- Koordination

im hier verwendeten Sinne beschrieben.

Produktentwicklung

Unter dem Gesichtspunkt, daß die Begriffe Forschung und Entwicklung (F&E) im allgemeinen als Oberbegriffe für die Phasen der Entstehung neuer Produkte verwendet werden, soll *Produktentwicklung* als Oberbegriff für den Zeitraum von der Ideensuche und/oder Ideenentwicklung bis einschließlich zur Herstellung eines Produkts verwendet werden, wie es TAKEUCHI und ULRICH /155/, /160/ vorschlagen. Es gilt die Definition in Anlehnung an SIEGWART /146/:

Produktenwicklung ist die Gesamtheit der technischen, markt- und produktionsorientierten Tätigkeiten einer industriellen Unternehmung, die auf die Schaffung eines neuen oder verbesserten Produkts ausgerichtet ist.

Für eine ausführliche Analyse des Begriffs *Produktentwicklung* wird auf die Arbeit von SARETZ /136/ hingewiesen.

Projektmanagement

Das zur Durchführung eines Projekts notwendige Instrumentarium wird mit dem Begriff *Projektmanagement* bezeichnet. RINZA versteht darunter die Leitung eines Projekts sowie die das Projekt leitende Institution /130/. Projektmanagement gliedert sich nach funktionalen Gesichtspunkten in Projektplanung, Projektüberwachung und Projektsteuerung /122/. In der Projektplanung werden über das zur Verfügung stehende Unternehmenswissen der gewählten Projektorganisation und -zielsetzung die Soll-Vorgaben für die Projektdurchführung erarbeitet. Zudem dienen die Planungsergebnisse als Basis für die Projektüberwachung. Die Projektplanung bezieht Input aus der Projektdefinition und dem im Unternehmen vorhandenen Wissen. Die Projektplanung ist somit ein Bestandteil des in Bild 3 dargestellten Regelkreises, der u.a. aus Projektüberwachung, Projektsteuerung und Projektdurchführung besteht.

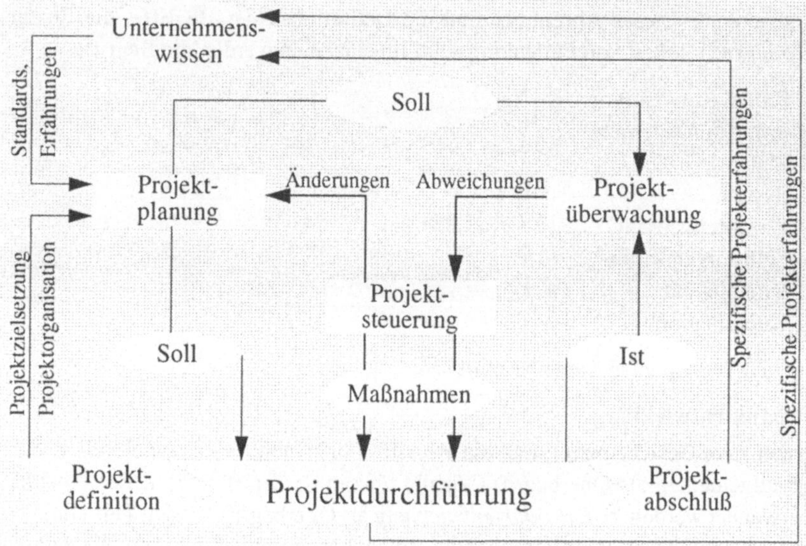

Bild 3: Projektkontrollschleife (in Anlehnung an /23/)

Planung

In der Umgangssprache verbindet man mit *Planung* (Planen) ein gestalterisches Denken für die Zukunft /1/. ZANGEMEISTER definiert die Planung als vorausschauendes, systematisches Durchdenken und Formulieren von Verhaltensweisen, Zielen und Handlungsalternativen, deren optimale Auswahl sowie die Festlegung von Anweisungen zur rationellen Realisierung der ausgewählten Alternative /180/. Diese Definition findet sich auch in der Projektmanagementliteratur zum Thema Projektplanung wieder /100/, /122/, /139/. Jedoch erfolgt hier eine Aufteilung in Zielplanung, das Festlegen der angestrebten Unternehmensziele und die eigentliche Projektplanung. Sie hat die systematische Informationsgewinnung über den zukünftigen Ablauf eines Projekts und die gedankliche Vorwegnahme des notwendigen Handelns im Projekt zum Ziel /122/.

Nach BURGHARDT /25/ umfaßt die Projektplanung u.a. die Einzelfunktionen Strukturplanung, Ablaufplanung und Terminplanung.

- Ziel der *Strukturplanung* ist es, die Projektstruktur als Gesamtheit der wesentlichen Beziehungen zwischen den Elementen eines Projekts abzubilden. Nach DIN 69901 /40/ ist dabei die Struktur mit Hilfe von Methoden und Hilfsmitteln, wie beispielsweise einem Projekt- oder Objektstrukturplan, vollständig und konsistent darzustellen.

- Die *Ablaufplanung* hat die Ermittlung und Beschreibung der logischen Abhängigkeiten zwischen Vorgängen sowie die Beschreibung des eigentlichen Vorgangs zur Aufgabe.
- Gegenstand der *Terminplanung* ist die zeitliche Festlegung des Projektablaufs anhand herrschender Randbedingungen, wie beispielsweise der zur Verfügung stehenden Ressourcen. Hierzu wird den einzelnen Vorgängen eine zeitliche Dauer (Vorgangsdauer) zugeordnet /94/.

Das Wissen um die Verfügbarkeit von Ressourcen ist Ziel der *Ressourcenplanung* (auch Ressourcenbedarfs- oder Mitteleinsatzplanung). Der so ermittelte Ressourcenbedarf ist die Grundlage für die *Kostenplanung* /25/. Hier gilt es, realistische Anhaltswerte für die Angebotskalkulation, die Budgetfestlegung und die Projektkalkulation zu ermitteln /100/. Sowohl die Kosten- als auch die Ressourcenplanung werden im Rahmen dieser Arbeit nicht näher betrachtet. Hier ist auf weiterführende Literatur verwiesen /72/, /144/.

Für die vorliegende Arbeit wird der Begriff der Planung als Synonym für die Projektplanung, welche die oben beschriebenen Funktionen der Struktur-, Ablauf- und Terminplanung umfaßt, angewendet.

System

In der Systemtheorie wird ein *System* „*...als ein geordnetes Paar aus einer Menge beliebiger Elemente und eine Folge von Relationen mit Bezug auf die Elemente*" definiert. Die Menge der Beziehungen heißt Struktur /84/. Der Systembegriff wird, gelöst von jeder materiellen Ausprägung, in Bild 4 formal-graphentheoretisch dargestellt.

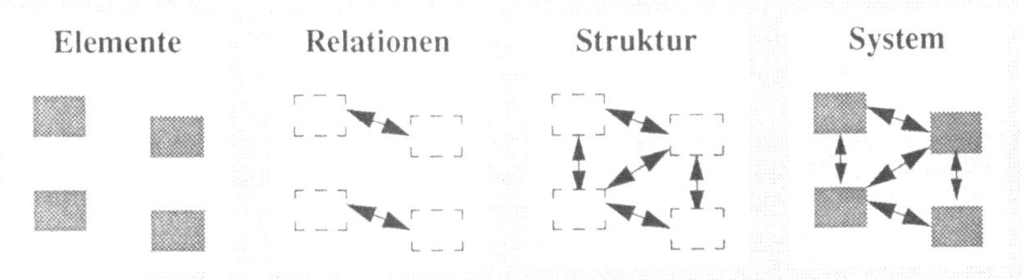

Bild 4: Formal-graphentheoretische Darstellung des Systembegriffs /33/

Die Elemente werden durch Vierecke (Knoten) repräsentiert. Bestehende Beziehungen (Relationen) zwischen den Elementen werden durch Verbindungslinien (Kanten) aufgebaut. Die Struktur umfaßt die Summe aller Relationen. Das System ist mit den aufgeführten Elementen und der Struktur vollständig beschrieben.

In der Informatik besitzt der Begriff des *Systems* eine spezielle Bedeutung. MÜLLER /106/ unterscheidet zwischen EDV-System und EDV-Systemkomponente. Eine EDV-Systemkomponente besteht aus Hard- und/oder Software und ist ein Element dieses Systems.

Ein Planungssystem ist in dieser Arbeit ein Anwendungssystem, als eine Instanz von EDV-Systemen, mit dem Planungsinformation generiert und verarbeitet werden kann. Zu einem Anwendungssystem gehören die Anwendungssoftware und alle EDV-Systemkomponenten, die eingesetzt werden, um den Betrieb der Anwendungssoftware durchzuführen (z.B. Betriebssystem, Netzwerk, Arbeitsspeicher, Permanentspeicher).

Dezentralisierung

Zentralisierung und *Dezentralisierung* sind Begriffe, die, angewandt auf Organisationen, entweder für Strukturierungsprinzipien oder für die Art der Struktur stehen /13/.

SAUERBREY /137/ versteht unter Zentralisierung und Dezentralisierung die Charakterisierung der Veränderungen einer Verteilung gleicher Elemente bezüglich mindestens eines Merkmals. Werden Elemente stärker als bisher zusammengefaßt, so findet eine Zentralisierung statt. Werden sie stärker als zuvor getrennt, handelt es sich um Dezentralisierung. Gegenstand der (de-) zentralisierenden Strukturierung sind in mindestens einer Beziehung gleichartige (Teil-) Aufgaben, die wenigstens zweifach vorliegen müssen /86/.

Die Strukturierung der Organisation erfolgt durch die Verteilung der Aufgaben auf Zuordnungseinheiten /11/, welche üblicherweise Stellen oder Abteilungen, Menschen oder Sachmittel sind /13/. So unterscheidet ULICH /158/ die Zentralisierung/Dezentralisierung von Funktionen im Gegensatz zu Entscheidungen. Im Rahmen dieser Arbeit werden Funktion und Entscheidung gemeinsam betrachtet.

Selbstorganisation

Selbstorganisation beschreibt nach PROBST /124/ „*...alle Prozesse, die aus einem System heraus von selbst entstehen und mit diesem 'Selbst' Ordnung entstehen lassen*". Der Begriff der Selbstorganisation bezieht sich im engeren Sinne auf die Strukturierungsrichtung der Organisationsgestaltung /13/.

Bei der Selbstorganisation wird die Lösungsidee aufgegeben, von einer „allwissenden", zentralen Instanz immer komplexere, formale Steuerungssysteme entwickeln zu lassen /73/. Vorausgesetzt Aufgaben wurden zuvor im Sinne einer Komplexitätsreduzierung hierarchisch zergliedert, findet mit der Implementierung selbstorganisierender Strukturen eine Dezentralisierung statt /137/.

Komplexität

Unter *Komplexität* werden nach BLEICHER /14/ diejenigen Eigenschaften von Systemen verstanden, die in einer gegebenen Zeitspanne eine große Anzahl von Zuständen annehmen können. Dies erschwert deren geistige Erfassung und Beherrschung durch den Menschen.

Komplexität hängt zum einen von der Art der Zusammensetzung eines Systems ab /161/. Sie bestimmt sich durch die Anzahl und Verschiedenheit der Elemente und Beziehungen, die in diesem System vorkommen. Zum anderen hängt die Komplexität von der Veränderlichkeit im Zeitablauf ab, die sich ihrerseits durch die Vielfalt der Verhaltensmöglichkeiten der Elemente und durch die Veränderlichkeit der Wirkungsverläufe zwischen den Elementen ausdrückt. Für eine ausführlichere Diskussion des Begriffs Komplexität wird an dieser Stelle auf andere Arbeiten verwiesen /62/, /101/.

Koordination

Im angloamerikanischen Sprachgebrauch hat sich die Definition von MALONE durchgesetzt, wonach Koordination als „*a body of principles about how activities can be coordinated, that is, about how actors can work together harmoniously*" zu verstehen ist /102/. Für SCHIERENBECK /140/ resultiert aus der Arbeitsteilung die Notwendigkeit zur Koordination, d.h. der Abstimmung arbeitsteiliger Aktivitäten im Hinblick auf das Gesamtziel. Nach KIESER und KUBICEK /80/ und auch im Rahmen der vorliegenden Arbeit ist die Koordination als die Ausrichtung der Leistungen einzelner Organisationsmitglieder auf das Organisationsziel zu verstehen.

2.2 Ableitung von Anforderungen an ein System zur dezentralen Planung von Entwicklungsprojekten im Rapid Product Development

Das nachfolgende Kapitel baut auf dem Begriff der Produktentwicklung auf, wie er in Kapitel 2.1 definiert wurde. Anhand der spezifischen Charakteristika von Produktentwicklungsprojekten im allgemeinen und deren Durchführung mit einem RPD-Ansatz im speziellen sollen die Randbedingungen herausgearbeitet werden, die für planende Aufgaben im RPD zu beachten sind. Sie dienen neben den abzuleitenden Anforderungen an das zu entwickelnde Planungssystem zur Evaluierung bestehender Ansätze und Lösungen.

2.2.1 Produktentwicklung mit einem Rapid Product Development Ansatz

Die Entwicklung von Produkten erfolgt üblicherweise in der Form eines Projekts /130/. DIN 69901 /40/ definiert ein Projekt als *„ein Vorhaben, das im wesentlichen durch die Einmaligkeit der Bedingungen in ihrer Gesamtheit gekennzeichnet ist“*. Projekte haben eine eindeutige Zielvereinbarung, eine zeitliche Befristung und **qualitativ sowie quantitativ begrenzte Ressourcen (R1)**. Ferner gibt es Merkmale, die für Entwicklungsprojekte typisch sind /122/:

- *Neuartigkeit*: Bei der Durchführung eines Entwicklungsprojekts entsteht aus der Erstmaligkeit eine Neuartigkeit, die u.a. kreative Prozesse der Ideenfindung und -realisierung in den Vordergrund stellt. Gerade im Entwicklungsbereich existieren verschiedenartige aufgaben- und projektabhängige Vorgehensweisen und individuelle Entscheidungsvorgänge, die sich nur unvollständig in standardisierte Systeme abbilden lassen /159/. Folglich können Entwicklungsprozesse oft nur **bedingt standardisiert und formalisiert (R2)** werden und erfordern darüber hinaus viel persönlichen Spielraum. Die Übertragbarkeit und Verallgemeinerung vorhandener Erfahrungen in der Planung von Entwicklungsprojekten ist somit nur bedingt möglich.

- *Unsicherheit und Risiko*: Charakteristisch für Entwicklungsprojekte ist deren **geringe Determinierbarkeit (R3)** sowohl bei der Erreichung der Sachleistungen als auch bei der Einhaltung vorgegebener Termine und Kosten. Ursache hierfür ist der Mangel an Erfahrungswerten und die Komplexität. Aus der Unsicherheit resultieren **nicht ausschließbare und vorhersehbare Projektrisiken (R4)**, die es zu bewerten gilt.

- *Dynamik*: Mit der Dynamik wird die Häufigkeit, Intensität und Irregularität von Änderungen angesprochen. Sie beziehen sich auf Zielvorgaben, Vorgehensweisen und Randbedingungen eines Projekts. Außerdem sind Änderungen in ihrer Ausprägung vielfältig und meist nicht vorhersehbar. Die Folge sind **unklare, zeitlich veränderliche Zielvorgaben (R5) sowie unvollständige und zeitlich veränderliche Rahmenvorgaben und Einflußgrößen (R6)**. Als Konsequenz lassen sich die am Prozeß Beteiligten nicht mehr starr auf Organisationseinheiten zuordnen. Somit ist eine **klare Abgrenzung von Kompetenzen und Zuständigkeiten (R7)** kaum mehr möglich.

- *Komplexität*: Die hohe Anzahl von Elementen des Systems Produktentwicklung führt zu einer starken inhaltlichen Vernetzung sowie einer hohen Dynamik. Dadurch entstehen **komplexe und unsichere interne Wirkzusammenhänge (R8)** zwischen Teilprozessen bzw. Modulen oder Baugruppen, welche sich in ihrer Gesamtheit nicht mehr abbilden oder antizipieren lassen.

- *Interdisziplinarität*: Die hohen technischen Anforderungen vieler Produkte und die Komplexität der Projekte hat zur Folge, daß zahlreiche Spezialisten benötigt werden, die häufig interdisziplinär eng zusammenarbeiten müssen. Dadurch ergibt sich eine **intensive Kommunikation (R9)** zwischen den Beteiligten. Gut funktionierende informelle Netze sind daher für erfolgreiche Entwicklungsprojekte typisch /87/. Wichtig hierbei ist die Schaffung einer **räumlichen Nähe (R10)** zwischen den Beteiligten, die jedoch nicht allein durch den Einsatz von Technik realisiert werden kann. „*Erst wenn es den Beschäftigten ermöglicht wurde, durch intensive persönliche Kontakte Vertrauen und ein gemeinsames Zielverständnis über das Projekt zu schaffen, sind sie bereit, ihr Wissen mittels Technik auszutauschen.*" analysieren LULLIES, BOLLINGER und WELTZ /98/.

Grundsätzlich ist die Wahl des Entwicklungsansatzes vom Typ der Entwicklungsaufgabe und von den Randbedingungen des Projekts, wie beispielsweise den speziellen Marktanforderungen, abhängig /121/. Die Organisation des Entwicklungsprojekts ist wiederum durch den gewählten Entwicklungsansatz getrieben. Insbesondere in dynamischen Märkten haben sich für die Verkürzung von Entwicklungszeiten evolutionäre Konzepte bewährt /17/, /127/. Für die Entwicklung komplexer, technischer Serienprodukte propagiert BULLINGER /19/ den Ansatz des Rapid Product Development (RPD). RPD ist als ein Konzept zur evolutionären Produktentwicklung zu verstehen, das sich durch die gezielte Nutzung schneller Iterationszyklen, der situationsgerechten Verwendung von Prototypen und von selbstorganisierten Teams auszeichnet. Ziel des RPD ist es, diese Iterationszyklen im Entwicklungsprozeß zu fördern und zu beschleunigen sowie den Wissenszuwachs je Schritt maximal zu gestalten. Damit wird eine Verkürzung der Entwicklungszeiten und die Sicherstellung marktgerechter Produkte erreicht.

Bild 5: Merkmale des Rapid Product Development

Ein Zyklus kann vereinfacht durch die Phasen *plan, do, check, act* beschrieben werden, wobei die Zyklen nicht sequentiell oder in ihrer Gesamtheit abzuarbeiten sind /10/. Die Entwicklungszyklen können sich auf ein Bauteil, eine Baugruppe, ein Modul oder auf das gesamte Produkt beziehen. Die Konsequenz ist, daß der klassische Produktentwicklungsprozeß, wie er in der VDI-Richtlinie 2221 beschrieben ist, nicht mehr durchlaufen wird /19/, /164/.

Die Organisation der Teams orientiert sich an der Produktstruktur. Durch die starke Ergebnisorientierung und die Offenheit des Prozesses für Neuerungen und Änderungen kann so ein kundengerechtes Produkt entstehen. Beschleunigend wirken dabei sowohl die situationsgerechte und häufige Verwendung von Prototypen als auch der Einsatz angepaßter Planungsmethoden in einer dynamischen Projektorganisation /45/.

Kennzeichnend für das RPD im Rahmen der Aufgabenstellung dieser Arbeit ist:

- die *Häufigkeit unvorhersehbarer Entwicklungszyklen*, die sich durch die evolutionäre Prozeßführung und die schnelle Verfügbarkeit differenziert einsetzbarer Prototypen ergibt. Sowohl der Einsatz der Prototypen als auch die Integration der Entwicklungszyklen in den Gesamtprozeß werden durch **häufige und schnelle Planungsprozesse (R11)** ermöglicht.
- die *Ganzheitlichkeit* der Aufgabe aufgrund der engen Kopplung produkt- und projektdefinierender Prozesse, wie beispielsweise der Projektplanung und der Produktentwicklung. Integrierendes Element bilden hierbei Prototypen, aus denen sich der aktuelle Wissensstand über das Produkt ableiten läßt. Folglich ist der Prozeß der Prototypenentwicklung mit den Planungsprozessen zu verbinden. Die **Formalisierung und Quantifizierung von Planungszielen (R12)** im Sinne der Planung gestaltet sich dabei schwierig, weil keine kompatiblen Wertungsgrößen zwischen planenden und entwickelnden Prozessen bestehen / 41/.
- die *Dezentralisierung* von Verantwortung und Befugnissen durch die Bildung selbstorganisierender Teams. Somit ist das **Planungswissen** auf die beteiligten Teams **verteilt (R13)**. Eine zentrale Stelle, die dieses Wissen integriert und Schlüsse daraus zieht, existiert nicht. Um die wichtige **Ausrichtung auf ein Gesamtziel (R14)** zu erreichen, wie beispielsweise ein kundengerechtes Gesamtprodukt, sind eine Vielzahl von Abstimmungsprozessen zwischen den einzelnen Entwicklungsteams notwendig.

Die dargelegten Randbedingungen sind in Bild 6 zusammengefaßt und auf die Erfolgsfaktoren, wie sie in Kapitel 1 erläutert sind, projiziert. Auf diese Weise können die hergeleiteten Randbedingungen differenziert für die Evaluierung bestehender Lösungen eingesetzt werden. Diejenigen Randbedingungen, die direkten Bezug zu den Erfolgsfaktoren haben, dienen in den nachfolgenden Unterkapiteln zur Analyse des Stands der Forschung.

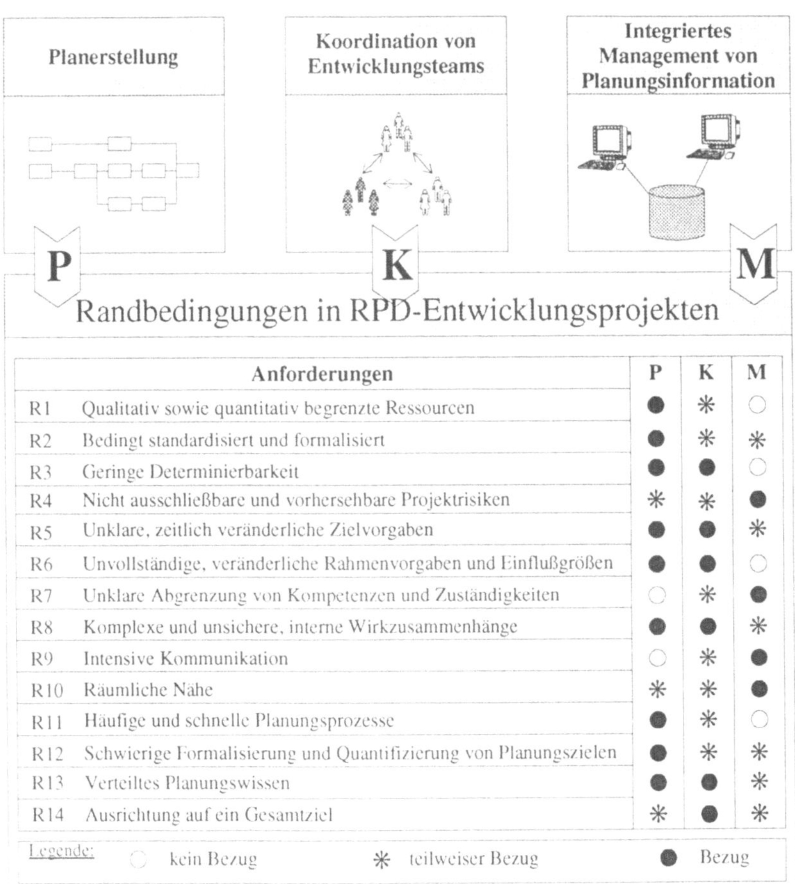

	Anforderungen	P	K	M
R1	Qualitativ sowie quantitativ begrenzte Ressourcen	●	✳	○
R2	Bedingt standardisiert und formalisiert	●	✳	✳
R3	Geringe Determinierbarkeit	●	●	○
R4	Nicht ausschließbare und vorhersehbare Projektrisiken	✳	✳	●
R5	Unklare, zeitlich veränderliche Zielvorgaben	●	●	✳
R6	Unvollständige, veränderliche Rahmenvorgaben und Einflußgrößen	●	●	○
R7	Unklare Abgrenzung von Kompetenzen und Zuständigkeiten	○	✳	●
R8	Komplexe und unsichere, interne Wirkzusammenhänge	●	●	✳
R9	Intensive Kommunikation	○	✳	●
R10	Räumliche Nähe	✳	✳	●
R11	Häufige und schnelle Planungsprozesse	●	✳	○
R12	Schwierige Formalisierung und Quantifizierung von Planungszielen	●	✳	✳
R13	Verteiltes Planungswissen	●	●	✳
R14	Ausrichtung auf ein Gesamtziel	✳	●	✳

Legende: ○ kein Bezug ✳ teilweiser Bezug ● Bezug

Bild 6: Randbedingungen in RPD-Entwicklungsprojekten

2.2.2 Rechnergestützte Projektplanung in der Produktentwicklung

Schon BULLINGER /21/ und HICHERT /70/ weisen Mitte der 70er Jahre auf die Potentiale rechnergestützter Planungssysteme in Entwicklungsprojekten hin. Letzterer schreibt „*...daß eine Verbesserung der häufig unbefriedigenden Situation durch .... den Einsatz geeigneter EDV-orientierter Planungssysteme erwartet wird*“.

Zahlreiche Autoren versprechen sich durch die Verwendung geeigneter rechnergestützter Projektplanungssysteme sowohl eine Verkürzung der Produktentwicklungszeiten als auch eine Reduzierung der Entwicklungskosten für ein Produkt /54/, /71/, /90/, /151/. Sie führen dies auf den beschleunigten Informationsfluß, die Vermeidung sich wiederholender Informationsgenerierungsprozesse, die benutzergerechte Bereitstellung von Informationen sowie die einfache Berechnung komplexer Sachverhalte zurück. So bewirkt das methodische Anlegen und aufgabenorientierte Verwenden von Standards als Ausgangspunkt der Neuplanung eine Verkürzung der Entwicklungszeiten /23/.

Vorteile rechnergestützter Planungssysteme	Quellen
Beschleunigter Informationsfluß	/51/, /71/, /90/
Integration aller Projektmanagementelemente	/23/, /94/
Vermeidung sich wiederholender Vorgänge	/23/, /138/, /170/
Transparente Abbildung von Zusammenhängen zwischen Zielen, Maßnahmen, Abläufen und Mitteln	/114/, /160/
Problemlose, dezentrale Speicherung, Verarbeitung und Bereitstellung von Planungsdaten	/35/, /91/, /112/
Komfortabler Aufbau und Analyse von Handlungsalternativen	/64/, /85/, /97/, /99/
Vereinfachte Standardisierung von Zuständen	/12/, /23/
Vereinfachte Generierung und Optimierung komplexer Pläne	/42/, /64/, /136/
Effiziente Koordination dezentraler, räumlich verteilter Prozesse	/12/, /113/
Integration von berechneten Plandaten und strukturierten Dokumenten	/12/, /26/, /160/
Integration von Projekt- und Produktdaten	/23/, /91/, /151/

Tabelle 1: Vorteile rechnergestützter Planungssysteme

LAUFFENBERG /94/ verspricht sich durch rechnergestütztes Projektmanagement eine bessere Integration der bisher isoliert betrachteten Elemente des Projektmanagements, der Projektdefinition, -planung, -überwachung und des Projektabschlusses. Andere Arbeiten zeigen, daß durch rechnergestützte Projektplanungssysteme die notwendige und effiziente Integration von produktdaten- und projektdatengenerierenden Erzeugersystemen möglich ist /23/, /91/, /151/. Weiterhin erlaubt die Nutzung vielfältiger graphischer Darstellungen eine transparente Abbildung von Zielen, Maßnahmen, Abläufen und Mitteln und ist somit insbesondere bei großen und komplexen Projekten von hohem Wert /114/.

EVERSHEIM /48/ und EPPINGER /46/ befürworten den Einsatz von Methoden der Künstlichen Intelligenz und des Operation Research für die Generierung und Optimierung von Vorgangsfolgen in Forschung und Entwicklung. Grund hierfür ist die Komplexität des Planungsproblems aufgrund der engen Verknüpfung der einzelnen Arbeitspakete.

Ohne EDV-gestützte Hilfsmittel wäre deren Lösung nicht mehr mit vertretbarem Aufwand möglich.

Rechnergestützte Systeme für das Projektmanagement erlauben ferner den komfortablen Aufbau und die Analyse alternativer Handlungsszenarien /99/. HAKKER /64/ schreibt dazu, daß durch die Verwendung von Modellen, bzw. Szenarien, dem Benutzer die Auswahl der geeigneten Projektvariante aufgrund seiner begrenzten Mentalkapazität erleichtert wird. Die Folge ist die Erlangung besserer Ergebnisse. Man kann somit den psychologischen Unzulänglichkeiten des Planers im Umgang mit Komplexität und Unbestimmtheit zu einem gewissen Teil entgegenwirken. Diese Unzulänglichkeiten ergeben sich durch bereits im Gehirn vorliegende Schemata, für die Selbstschutzmechanismen vorliegen, wodurch sich entsprechende Situationen einfacher assimilieren lassen /42/.

Für DEBUS /35/, OCHS /112/ und KRAUSE /91/ ist gerade in Organisationsstrukturen mit dezentralen Verantwortungsbereichen und dem damit verbundenen intensivierten horizontalen Informationsaustausch der Einsatz rechnergestützter Methoden für das Projektmanagement von Vorteil. Beispiele aus der Praxis zeigen, daß ein effizientes Management von Entwicklungsprojekten an verteilten Standorten ohne rechnergestützte Systeme kaum mehr möglich ist /12/, /113/.

Der oft unkritische Umgang mit rechnergestützten Planungssystemen wird jedoch auch bemängelt /98/. Insbesondere das einfache Erzielen einer Scheingenauigkeit täuscht den Nutzer über die wahren Probleme bei der Aufstellung von Entwicklungsplänen. BALCK /7/ führt an, daß Planungssysteme oft mechanistische Handlungsmuster verstärken und kreative Prozesse verhindern.

2.2.3 Anforderungen an ein rechnergestütztes Planungssystem

Auf der Grundlage der beschriebenen Situation bei der Produktentwicklung mit einem RPD-Ansatz, der damit verbundenen Stellung der Planung sowie der Notwendigkeit rechnergestützter Planungssysteme werden im folgenden Anforderungen an das zu entwickelnde System abgeleitet (siehe auch Bild 7). Sie basieren auf den in Kapitel 2.2.1 abgeleiteten Randbedingungen.

Entscheidend für den Gesamterfolg von Projekten sind frühzeitig geklärte Zielvorgaben bzgl. zu erreichender Sachaufgaben, Entwicklungszeiten, Entwicklungs- und Produktkosten sowie Qualitäten. Dies gilt für das Gesamtprojekt bzw. -produkt und auch für die jeweiligen Teilprojekte bzw. Module /23/, /122/. Hierzu ist es erforderlich, die **Klärung der Zielvorgaben methodisch zu unterstützen (A1)**.

Anspruchsvolle Zielsetzungen und die gleichzeitig nur begrenzt vorhandenen Mittel zur Bearbeitung von Entwicklungsprojekten erfordern ein effizientes und effektives Vorgehen. Hierbei ist das Projektmanagement ein wichtiges Hilfsmittel zur Beschleunigung von Produktentwicklungsprojekten als maßgebliches Ziel des RPD /168/. Die Verwendung rechnergestützter Systeme in der Projektplanung setzt deshalb voraus, daß diese die **Planung** im Sinne der Definition (siehe Kapitel 2.1) **unterstützen (A2).**

Ferner ist sicherzustellen, daß in dezentral organisierten Unternehmen prozeßnahe planungs-, steuerungs- und qualitätsbezogene Funktionen auf die Organisationseinheiten verteilt sind /82/. Das bedeutet, daß ein zukünftiges Planungssystem im RPD für den Einsatz in **dezentralen Organisationsstrukturen geeignet (A3)** sein muß. Diese Forderung umfaßt die Notwendigkeit, Mechanismen zum dezentralen Aufbau und zur Koordination von Teilplänen bereitzustellen sowie die Plattformunabhängigkeit des Systems zu garantieren.

Die Planausdrucksfähigkeit beschreibt die Semantik eines Plans und dessen Elemente /3/, /115/. Deshalb ist die Erfüllung der Forderung nach einer **hohen Planausdrucksfähigkeit (A4)**, die über die rigiden Start- und Schließbedingungen der Netzplantechnik hinausgeht, für den Aufbau dezentral geplanter Teilprojekte von hoher Bedeutung /138/. Insbesondere für die dezentrale und ergebnisorientierte Koordination der Teilpläne, die durch das System unterstützt werden soll, ist das Vorhandensein einer ausdrucksfähigen Semantik zur Abbildung der Abhängigkeiten zwischen Vorgängen wichtig.

Die Neuartigkeit des Systems *Entwicklungsprojekt* und der damit verbundene Mangel an Wissen sind durch die Planung als systemimmanente Eigenschaft anzuerkennen /7/, /98/. Dieser Mangel an Wissen ist durch einen erhöhten Planungsaufwand nicht auszugleichen /45/. Pläne sind in F&E nur in seltenen Fällen vollständig /42/. Folglich müssen Planungssysteme für den F&E-Bereich die **Verarbeitung unvollständiger und inkonsistenter Daten (A5)** ermöglichen. In diesem Zusammenhang fordern BERNDES und STANKE /12/ ein Planungsprinzip, welches die Koordination der unmittelbaren Vorgänge zum Ziel hat. Inkonsistente, mittel- und langfristige Abhängigkeiten zwischen Vorgängen sind hier zugelassen, sie müssen jedoch identifiziert und für alle Beteiligten transparent dargestellt werden.

Die Tatsache, daß in der Produktentwicklung ausschließlich die Information das wertschöpfende Element darstellt /15/, macht eine schnelle **Verfügbarkeit aktueller, planungsrelevanter Informationen (A6)** notwendig. Dies beinhaltet sowohl die aktuelle Bereitstellung von Teil- und Zwischenergebnissen als eine elementare Aufgabe eines dezentralen Planungskonzepts /23/, /151/ als auch eine problemlose Identifikation der verantwortlichen Organisationseinheiten /47/. In der von LAUFENBERG durchgeführten Studie an 51 Unternehmen wurde in 95% der untersuchten Fallbeispiele der offene Informationsaustausch als Erfolgsfaktor identifiziert /94/.

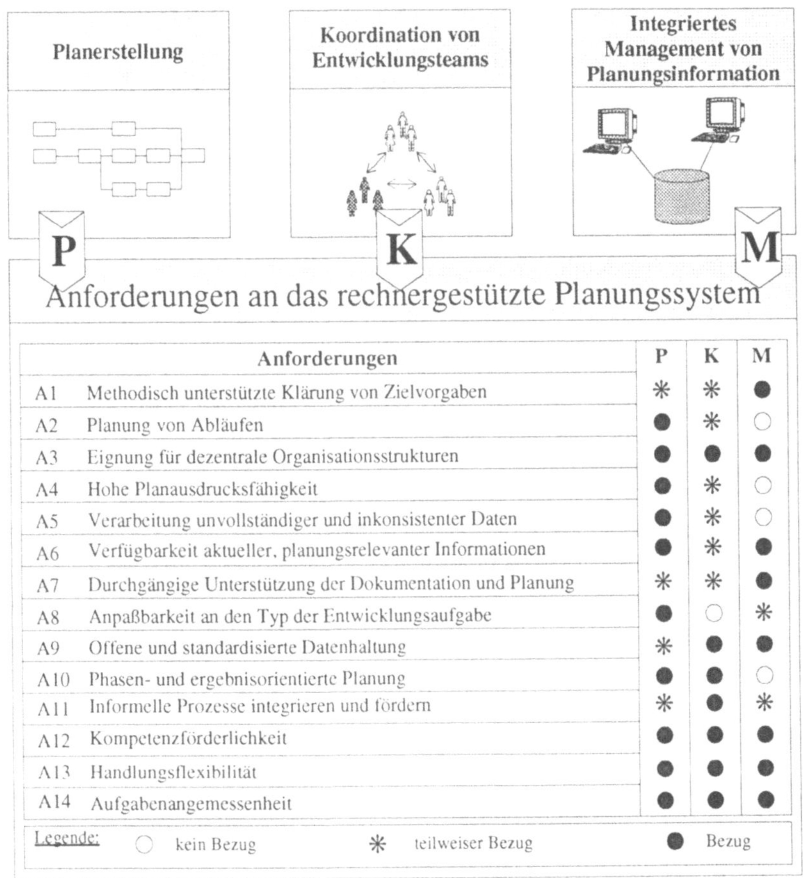

	Anforderungen	P	K	M
A1	Methodisch unterstützte Klärung von Zielvorgaben	*	*	●
A2	Planung von Abläufen	●	*	○
A3	Eignung für dezentrale Organisationsstrukturen	●	●	●
A4	Hohe Planausdrucksfähigkeit	●	*	○
A5	Verarbeitung unvollständiger und inkonsistenter Daten	●	*	○
A6	Verfügbarkeit aktueller, planungsrelevanter Informationen	●	*	●
A7	Durchgängige Unterstützung der Dokumentation und Planung	*	*	●
A8	Anpaßbarkeit an den Typ der Entwicklungsaufgabe	●	○	*
A9	Offene und standardisierte Datenhaltung	*	●	●
A10	Phasen- und ergebnisorientierte Planung	●	●	○
A11	Informelle Prozesse integrieren und fördern	*	●	*
A12	Kompetenzförderlichkeit	●	●	●
A13	Handlungsflexibilität	●	●	●
A14	Aufgabenangemessenheit	●	●	●

Legende: ○ kein Bezug * teilweiser Bezug ● Bezug

Bild 7: Anforderungen an das rechnergestützte Planungssystem für das RPD

Eine methodische und (im Sinne der Informatik) interpretierbare Dokumentation planungsrelevanter Informationen zeigt in dezentralen Organisationseinheiten durchaus Erfolge /12/, /26/. Die **durchgängige Unterstützung der Dokumentation und Planung von Abläufen (A7)** durch *ein* System ist deshalb als Systemanforderung zu formulieren. Dadurch kann ein methodischer Planungsprozeß realisiert werden, um die für komplexe Systeme wichtigen Lernprozesse zu ermöglichen /14/. Ferner wird die teamorientierte Zusammenarbeit durch die schnelle Identifikation von Wissen über definierte Schnittstellen, Verantwortlichkeiten, vereinbarte Ergebnisübergaben etc. verbessert /94/.

Angesichts der strategischen Bedeutung effizient durchgeführter Entwicklungsprojekte ist ein aufgabenorientierter Ansatz zur Gestaltung industrieller Entwicklungsorganisationen nach PICOT, REICHWALD und NIPPA /121/ unverzichtbar. Beim Prinzip der Aufgabenorientierung orientiert sich die methodische Unterstützung des Prozesses am Inhalt der Aufgabe. Aus Sicht der Produktentwicklung mit einem RPD-Ansatz hat dies zur Konsequenz, daß Planungssysteme an den **Typ der Entwicklungsaufgabe anpaßbar (A8)** sein müssen. Damit ist das flexible Reagieren auf veränderliche Situationen im Projekt möglich. Dies umfaßt auch die situationsspezifische Adaptierbarkeit der Informationslogistik, damit während laufender Prozesse oder Verhandlungen neu hinzukommende Personen sich in das schon entstandene Umfeld der Situation einpassen können /37/.

Neben aufgabenorientierten Gestaltungsansätzen ist die Integration der Datenhaltung bei der in der Produktentwicklung Verwendung findenden Erzeugersysteme, wie beispielsweise CAD-, EDM[1]- oder auch FEM-Systeme[2], ein Erfolgsfaktor /44/, /61/. Ein rechnergestütztes System zur Planung von Entwicklungsprojekten muß deshalb eine **offene und standardisierte Datenhaltung (A9)** ermöglichen. Damit werden Datenflüsse zwischen den einzelnen Erzeugersystemen ermöglicht, d.h. andere Systeme können die erzeugten Daten verarbeiten und ggf. interpretieren.

Für eine zielorientierte Produktentwicklung ist eine **Phasen- und Ergebnisorientierung (A10)** bei der Planung notwendig /49/. Hier orientiert sich der Planer an den erzielten Ergebnissen aus dem bisher durchlaufenen Prozeß und an den dafür vorgesehenen Projektphasen. So garantiert ein phasenorientierter Rahmenterminplan die Einhaltung übergeordneter Termine /151/, während die ergebnisorientierte Planung insbesondere auf operativer Ebene zwischen Entwicklungsteams, von großer Wichtigkeit ist /7/. Informationen über die erzielten Ergebnisse bilden die wesentliche Größe beim Projektcontrolling und dem damit verbundenen Einleiten von Steuerungsmaßnahmen (siehe auch Bild 3). Beide Aufgaben sind durch rechnergestützte Planungssysteme zu unterstützen, d.h. sowohl die Definition und Planung von Rahmenterminen als auch die Definition und Planung von Ergebnissen auf Vorgangsebene.

Studien zeigen, daß die Planung in der Produktentwicklung sowohl aus formellen als auch aus informellen Prozessen besteht /5/. Insbesondere in Situationen, die durch eine hohe Komplexität gekennzeichnet sind, spielen informelle Prozesse

1. EDM: Engineering Data Management
2. FEM: Finite Element Method

eine entscheidende Rolle /170/. Sie erbringen eine interdisziplinäre Integrationsleistung, fördern die Teamarbeit und das vernetzte Denken /7/. Setzt man voraus, daß die Nutzung rechnergestützter Planungssysteme einen Teil planender Handlungen darstellt, dann müssen die Systeme diese **informellen Prozesse integrieren und fördern (A11)**.

Neben den rein funktionsorientierten Anforderungen sind auch softwareergonomische Gestaltungsrichtlinien für die Entwicklung rechnergestützter Systeme zu berücksichtigen. Die VDI-Richtlinie 5005 führt dazu drei grundlegende Kriterien auf /165/, die auf den Anwendungsfall eines Systems zur dezentralen Planung von Entwicklungsprojekten zu übertragen sind.

Das erste Kriterium ist die Forderung nach **Kompetenzförderlichkeit (A12)**. Mit Kompetenz ist dabei die durch den Umgang mit dem System erlernte Handlungskompetenz des Benutzers gemeint. Dazu zählt die Forderung nach Transparenz der Aufgabenausführung und die Nachvollziehbarkeit von Lösungen. Das System soll sich ferner an dem mentalen Modell des Benutzers orientieren und die Integration und Nutzung seines Erfahrungswissens ermöglichen /64/.

Die Forderung nach einer effizienten Reaktion des Benutzers auf geänderte Aufgabenstellungen und die erfahrungsgeleitete Auswahl von Reaktionsalternativen ist mit dem zweiten Kriterium **Handlungsflexibilität (A13)** beschrieben. Dazu zählt das Anbieten manueller Benutzereingriffe, die Auswahl unterschiedlicher Lösungsstrategien und die Möglichkeit zur Variabilität der Entscheidungstiefe. Das bedeutet, daß der Benutzer für einen gegebenen Problemfall verschiedene Möglichkeiten hat zu reagieren. DÖRNER /42/ spricht in diesem Zusammenhang vom Begriff der Handlungsszenarien, um durch deren Nutzung eine differenzierte Projektion der Zukunft erreichen zu können.

Das letzte Kriterium beschreibt die **Aufgabenangemessenheit (A14)**, die ein rechnergestütztes System erfüllen muß. Das heißt, der Aufwand und die Qualität zur Zielerreichung mit Hilfe des Systems müssen angemessen sein. So ist bei der Konzeption des Systems darauf zu achten, daß die wesentlichen planerischen Aufgabeninhalte unterstützt werden. Dies setzt voraus, daß eine entsprechende Aufgabenanalyse vorliegt. Ferner sind Teilautomatismen anzubieten, um die Effizienz des Systemeinsatzes zu verbessern.

Aufgrund ihrer Allgemeingültigkeit beziehen sich die Parameter Kompetenzförderlichkeit, Handlungsflexibilität und Aufgabenangemessenheit auf alle drei Erfolgsfaktoren (siehe Bild 7). Um die heutigen Systeme entsprechend den Anforderungen zu bewerten, sind diese zu operationalisieren. Hierzu wurden die in der VDI-Richtlinie 5005 /165/ dargelegten Detailkriterien zur softwareergonomischen Gestaltung und Bewertung auf den Anwendungsbereich Projektplanung übertragen. Tabelle 2 zeigt die auf die Projektplanung projizierten Kriterien.

Die Übertragung der abgeleiteten Anforderungen auf die drei Erfolgsfaktoren macht deutlich, daß gleichermaßen die Planerstellung, das integrierte Management von Planungsinformationen und die Koordination der Entwicklungsteams betroffen sind. Somit ist für die Entwicklung eines Systems zur dezentralen Planung von Entwicklungsprojekten im RPD eine integrierte Lösung notwendig. Analog zu den Randbedingungen wird mit den abgeleiteten Anforderungen verfahren. Diejenigen Anforderungen, die direkten Bezug zu den Erfolgsfaktoren haben, werden zur Analyse des Stands der Forschung herangezogen.

Kriterium VDI 5005	**Detailkriterien**	**Übertragung auf die Projektplanung**
Kompetenz-förderlichkeit	• Transparenz der Aufgabenausführung • Transparenz über die Zielerreichung • Nachvollziehbarkeit des Lösungswegs • Orientierung am mentalen Modell • Integration und Nutzung des Erfahrungswissens der Anwender • Horizontaler und vertikaler Informationsaustausch	• Visualisierung der Zwischenschritte • Nutzung von Wissen vergangener Entwicklungsprojekte • Abspeicherung der Gründe für spezifische Handlungsschemata und Entscheidungen • Kennzahlenbasierte Aufbereitung von Planungsergebnissen • Kennzahlenbasierte Aufbereitung von Kooperationsentscheidungen
Handlungs-flexibilität	• Zusammenfassung von Teilschritten • Variabilität der Entscheidungstiefe • Variabilität der Problemstellung • Anbieten manueller Benutzereingriffe • Auswahl von Strategien	• Möglichkeit zur dezentralen Definition und Berechnung von Rahmenterminplänen • Dezentrales Durchspielen von Handlungsalternativen ohne Berücksichtigung der anderen Teams • Manuelle Definition von Vorgangsfolgen • Manuelle Modifikation und Auswahl von Teilplänen • Auswahlmöglichkeiten individueller Reaktionsmaßnahmen • Verfolgung unterschiedlicher Auswahlstrategien anhand der Entwicklungsaufgabe
Aufgaben-angemessenheit	• Anbieten von Teilautomatismen • Konzentration auf wesentliche Aufgabeninhalte • Qualität der Zielerreichung	• Anbieten von Standards für Projektdefinition und -planung • Abspeicherung und Bewertung der Steuerungsmaßnahmen • Schnittstellen zu anderen Erzeugersystemen

Tabelle 2: Ableitung von Kriterien zur Systemanalyse entsprechend VDI 5005

2.3 Stand der Forschung

2.3.1 Planungsprinzipien

Allen Planungssystemen liegen spezielle Planungsprinzipien zugrunde, die entsprechend dem Gegenstandsbereich, wie beispielsweise Entwicklungs-, Verkehrs-, Produktions- oder Absatzplanung, sinnvoll einsetzbar sind.

Die netzplanbasierten Techniken umfassen CPM- (Critical-Path Method), MPM- (Metra-Potential Method), PERT- (Program Evaluation and Review Technique), PDM (Precedence Diagramming Method) und GERT- (Graphical Evaluation and

Review Technique) Verfahren /33/, /116/, /122/. Deren Unterscheidung ist aus Bild 8 ersichtlich.

Wesentlicher Punkt der Netzplantechniken (NPT) ist die Unterstützung bei der Festlegung gegenseitiger Abhängigkeiten elementarer Einzelschritte beim Zerlegen einer Projektgesamtaufgabe /25/, /115/. Die NPT greifen bei der Darstellung des Projektes auf funktionale Elemente (Vorgänger, Ereignisse) und formale Elemente (Knoten, Pfeile) zurück. In Abhängigkeit der im Vordergrund stehenden Elemente werden vorgangs- und ereignisorientierte Netzpläne unterschieden.

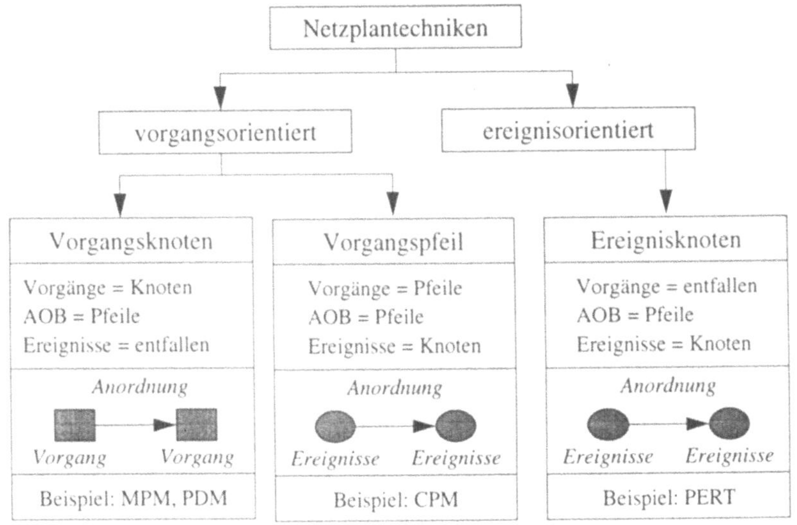

Bild 8: Netzplantechniken (nach REFA /126/)

Die Methoden der Netzplantechnik unterstützen die Ablauf- und Kapazitätsplanung nur teilweise. PERT-Netzpläne unterstützen die Repräsentation stochastischer Ablaufstrukturen. Diesem prinzipiellen Vorteil steht jedoch der Nachteil gegenüber, daß die Verteilungen meist nicht bekannt sind. GERT-Netzpläne besitzen keine analytischen Lösungsmöglichkeiten und führen so zu einem hohen Repräsentationsaufwand /115/. Keines der Netzplanverfahren ist jedoch in der Lage, komplexe zeitliche Abhängigkeiten zwischen Vorgängen abzubilden, wie beispielsweise einer Parallelität (A4).

Allen Methoden ist gemeinsam, daß die Generierung der eigentlichen Vorgangsfolge nicht unterstützt wird. Statt dessen muß der Nutzer den Netzplan entsprechend vorhandener Schemata selbst erstellen. Diese Problematik versuchen die

Methoden der Künstlichen Intelligenz (KI) zu lösen. Nach HERTZBERG /68/ versucht die KI *„...einen Handlungsplan, also eine Folge von Aktionen ... um irgendein Ziel zu erreichen“*, zu erstellen.

Zahlreiche Methoden der KI befassen sich zwar nicht speziell mit der Planung von Produktentwicklungsprozessen, trotzdem gilt es, diese Methoden näher zu untersuchen. Sie beschäftigen sich mit *dem* Problemkreis, der von den bisherigen Methoden zur Gestaltung von Produktentwicklungsprozessen vernachlässigt wird - der Unterstützung bei der Bestimmung einer Vorgangsfolge /145/.

Das Prinzip der *nicht-linearen-Planung* ist dadurch charakterisiert, daß die erzeugten Pläne keine lineare Reihenfolge von Aktionen, sondern nur Reihenfolgebedingungen definieren. Für Aktionen, zwischen denen keine Reihenfolgebedingungen definiert sind, gilt, daß sie entweder parallel oder in beliebiger Reihenfolge ausgeführt werden können.

Das *Least-Committment Planen* ist eng mit der nicht-linearen-Planung verbunden. Entscheidungen, die auf der Grundlage der aktuell im Planungsprozeß verfügbaren Informationen nicht eindeutig getroffen werden können, werden so lange zurückgestellt, bis eine ausreichende Informationsgrundlage vorhanden ist. Um den Planungsprozeß trotzdem fortführen zu können, müssen anstelle einer konkreten Alternative die Bedingungen, durch welche die zulässigen Lösungen für die zurückgestellte Entscheidung gekennzeichnet sind, dargestellt werden.

Bei der Verwendung von *Constraints* (Zwangsbedingungen), welche bei der Lösung eines Planungsproblems erfüllt sein müssen, wird der Lösungsraum schrittweise eingeengt bis schließlich eine Lösung gefunden ist. Das Aufstellen und Ableiten neuer Constraints aus bereits Vorhandenen ist das Vorgehen bei der *Constraint Propagation* und entspricht dem Least-Committment-Prinzip.

Die automatische Generierung von Vorgangshierarchien wird mit den Ansätzen des *hierarchischen Planens*, wie es in den Systemen ABSTRIBS oder NOAH realisiert wurde, verfolgt /27/, /134/. Durch die Zerlegung eines Planungsproblems in Teilprobleme kann der Planungsaufwand reduziert werden. Somit steigt der Planungsaufwand im Verhältnis zum Umfang des Plans nur linear an. Eine häufig verwendete Methode zur Definition des Abstraktionsniveaus, um zwischen den Hierarchien entscheiden zu können, sind sogenannte Criticality-Levels. Es wird jedoch deutlich, daß dieser Ansatz von einem statischen Weltmodell ausgeht, bei dem die Abstraktionsstufen statisch und definierbar sind. Dies ist jedoch bei der Produktentwicklung so nicht gegeben (R3, R5).

Planungsprinzip/ Randbedingungen	Bedingte Standardisierbarkeit und Formalisierbarkeit (R2)	Geringe Determinierbarkeit (R3)	Unklare und zeitlich veränderliche Zielvorgaben (R5)	Unvollständige und zeitl. veränderliche Rahmenvorgaben und Einflußgrößen (R6)	Komplexe und unsichere, interne Wirkzusammenhänge (R8)	Häufige und schnelle Planungsprozesse (R11)	Schwierige Formalisierung und Quantifizierung von Planungszielen (R12)	Verteiltes Planungswissen (R13)
Netzplanverfahren /33/, /116/, /122/	*	*	*	O	O	*	*	O
Nicht-Lineare Planung /27/, /134/	O	O	O	O	O	*	O	O
Hierarchische Planung /32/, /176/	O	O	O	O	O	*	O	O
Meta-Planung /176/, /148/	O	O	O	O	O	*	O	O
Plansuche /68/, /96/	O	O	O	O	O	*	O	O
Mittel-Ziel Analyse /109/	O	O	O	O	O	*	O	O
Least-Committment /148/, /177/	O	O	O	O	O	*	O	O
Opportunistisches Planen /66/,/110/	*	*	*	*	*	●	*	●
Verteiltes Planen /104/, /107/, /113/	*	●	●	*	●	●	*	●
	geeignet ●		teilweise geeignet *			nicht geeignet O		

Tabelle 3: Bewertung Planungsprinzipien anhand der Randbedingungen im RPD

Bei der Metaplanung wird nicht, wie bei einstufigen Verfahren üblich, die Planungsstrategie im voraus festgelegt, sondern die Strategie ist selbst das Ergebnis einer Planung /176/, /148/. Die Metaplanung ist die Anwendung der Planung auf die Planung. Es ist beabsichtigt, die Planungsstrategie an das Planungsproblem situationsabhängig anzupassen.

Als Spezialfall ist das von HAYES-ROTH /66/ entwickelte Prinzip der *Opportunistischen Planung* zu nennen. Die Tatsache, daß der Planungsprozeß opportunistische Eigenschaften aufweist, veranlaßte die Autoren zur Nutzung des von NEWELL /110/ entwickelten Blackboard-Modells. Es legt die Annahme zugrunde, daß der Prozeß der Plangenerierung auf unterschiedliche Spezialisten verteilt wird, die jeweils für die Interessenvertretung und Kontrolle eines Teilgebietes zuständig sind. Die Koordination der Spezialisten erfolgt dann über eine zentrale Instanz, das Blackboard. Diese Arbeiten sind deshalb erwähnenswert, da sie neben den Arbeiten von AGHA und HEWITT /2/ sowie MINSKY /105/ zu den ersten Versuchen zählen, einen komplexen Problemlösungsprozeß auf mehrere Instanzen zu verteilen, um so schneller zu qualitativ besseren Lösungen, bei einer gleichzeitigen Erhöhung der Flexibilität des Systems, zu kommen.

Den völligen Verzicht auf eine zentrale Instanz zur Planung beschreiben u.a. LESSER, CORKILL /95/ und MARTIAL /104/ in ihren Modellen zum *verteilten Planen* oder *Multiagenten-Planen*. Ein Planungsagent beschreibt hierbei ein Softwareprogramm, welches in einem Netzwerk arbeitet und eine planende Aufgabe erfüllt. Das Multiagenten-Planen nimmt eine Sonderstellung ein, weil die verwendeten Planungsalgorithmen den beschriebenen Methoden, wie der Netzplantechnik, dem nicht-linearen Planen oder dem hierarchischen Planen folgen.

Vorteile von Multiagenten-Planungssystemen	**Bezug zu**
Einzelne Agenten können sowohl individuelle als auch vorgegebene globale Ziele in befriedigender Weise verfolgen /81/.	R14
Die Autonomie und Flexibilität der Organisationseinheit kann im System abgebildet werden /76/.	R7, R8
Komplexe Zuordnungprobleme lassen sich durch die Aufteilung in kleinere Teilprobleme einfacher lösen /76/.	R8
Agenten repräsentieren sowohl lokales Wissen als auch individuelle Intention /60/.	R13
Die Funktionalität ist nicht auf die reine Berechnung von Plänen beschränkt, sondern erweitert implizit die Planung um Kooperation von Planern und Koordination von Plänen /104/.	R9, R10
Vereinigung planender und kommunizierender Handlungen führt zu Integration /104/.	R9, R10
Nicht kooperative Agenten können durch entsprechende Anpassung ihrer Schnittstellen in die Interaktion eingebunden werden /58/. Dies ermöglicht einen Bottom-Up Migrationsprozeß.	R13
Es existiert die Möglichkeit zur Unterstützung des organisatorischen Lernens, was insbesondere auch bei der integrierten Produkt- und Projektgestaltung eine wichtige Rolle spielt /89/.	R2
Die Fähigkeit zur situativen Bildung von Gruppen, die in ihrer Struktur a priori nicht bekannt sind, ist vorhanden /81/.	R7, R8, R3

Tabelle 4: Vorteile von Multiagenten-Planungssystemen

GENESERETH /58/ versteht unter einem Planungsagenten sowohl eine Person als auch ein Softwareprogramm. Ähnlich ist das Verständnis in Arbeiten über die verteilte KI, die Agenten nur anhand unterschiedlicher Rollen, die eingenommen werden können, unterscheidet /107/:

- primitiver Agent: ein Sensor-Aktor-System,
- technischer Agent: ein programmgesteuertes System, das starr den Instruktionen folgt,
- technisch-intelligenter Agent: ein System, das flexibel auf Ereignisse reagiert, die nicht explizit im Programm vorgesehen sind,
- kognitiver Agent: ein System mit Fähigkeiten zur Reflexion und Introspektion,
- sozialer Agent: ein System mit bewußter Interaktionsfähigkeit.

Beim Multiagenten-Planen erzeugen die Agenten einen Multiagenten-Plan, der ihre zukünftigen Vorgänge und Interaktionen festlegt. Im *zentralisierten Multiagenten Planen* (MAP) gibt es einen Agenten, der Pläne für mehrere ausführende Agenten generiert. Im *dezentralisierten oder verteilten MAP* wird ein Plan zwischen den einzelnen Agenten verhandelt. Zahlreiche Autoren befürworten deshalb auch die Nutzung von Multiagenten-Ansätzen für die Planung dezentralisierter Produktentwicklungsprozesse /12/, /35/, /52/, /82/, /104/, /113/. Tabelle 4 verdeutlicht, daß Multiagenten-Ansätze vielen Randbedingungen, wie sie in Kapitel 2.2.1 aufgestellt sind, entsprechen.

2.3.2 Rechnergestützte Systeme zur Planerstellung in Entwicklungsprojekten

Ein System, mit dem Netzpläne anhand von Kennzahlen iterativ verbessert werden können, beschreibt SARETZ /136/. Die Optimierung des Ablaufs erfolgt nach Gesichtspunkten der Parallelisierung von Vorgängen, der Koordination abhängiger Vorgänge, der Reduzierung von Iterationen und dem Abgleich von Informations- und Ablauflogik. Somit kann durch die unterschiedliche Akzentuierung der Kennzahlen situationsspezifisch reagiert werden. Jedoch wird weder die Planung als solches durch den Algorithmus unterstützt, noch ist das System auf dezentrale Strukturen ausgerichtet.

Auf Basis der von STEWARD /149/ und EPPINGER /46/ entwickelten Design-Structure-Matrix (DSM) wurde durch EVERSHEIM et al. /48/ ein Werkzeug zur methodischen Planung von Entwicklungsprojekten entwickelt. In der DSM, einer quadratischen Aktivitäten-Aktivitäten-Matrix, können Informationsflüsse zwischen Vorgängen eingetragen werden. Darauf aufbauend erfolgt mittels eines Algorithmus eine Umsortierung und Reihenfolgenfestlegung der sequentiell, parallel und iterativ durchführbaren Aktivitäten. Die DSM stellt somit ein System dar, mit dem auf der Basis von Informationsflüssen die Strukturen zwischen Aktivitäten abgebildet sowie logisch und zeitlich entkoppelte Prozeßketten gebildet werden können /94/. Nachteilig bei der DSM ist die limitierte Darstellungsweise zeitlicher Abhängigkeiten. Es können weder überlappende Aktionen noch zeitliche Abfolgen dargestellt werden. Derzeit wird an der Verknüpfung der DSM mit einem Projektmanagement-System gearbeitet /48/.

Erwähnenswert im Zusammenhang mit der methodischen Ablaufstrukturierung sind die Arbeiten von KUSIAK und PARK /92/ zur Dekomposition von Projektabläufen. Über die Verknüpfung der Modellierung und Strukturierung von Aufgaben und Objekten, wie z.B. unterschiedlichen Modulen, wird eine systematische Optimierung der Abläufe erreicht. Ähnlich wie die DSM ist jedoch auch hier die Plandarstellung auf eine netzplanbasierte Methode mit ihrer limitierten Ausdrucksfähigkeit beschränkt.

Die Erweiterung netzplanbasierter Verfahren um eine Simulationskomponente mit Petri-Netzen beschreibt VAN DER AALST /162/. Dabei werden die geplanten Vorgangsfolgen in ein Petri-Netz übertragen, simuliert und ausgewertet. Die Auswertung dient dann der Verbesserung des alten Plans. Die Simulationskomponente erlaubt ferner Sensitivitätsanalysen, um den Plan gezielter optimieren zu können. Auf die speziellen Anforderungen dezentraler Entwicklungsprojekte wird jedoch nicht eingegangen.

Das System FUZIPLAN /78/ versucht das Problem unvollständiger und unscharfer Ausgangsdaten für die Planung mit Hilfe der Verwendung von Fuzzy-Sets zu lösen. KEHR /78/ bemerkt jedoch in diesem Zusammenhang treffend, daß bei der Verwendung von Fuzzy-Sets die „*...notwendigen Umwandlungsvorgänge unscharfer Zeitvorstellungen, d.h. die Akquisition und Interpretation von Zugehörigkeitsfunktionen ... wegen der fehlenden Eindeutigkeit ... problematisch ...*“ sind.

Für die Planung von Raumfahrtmissionen wurde das System AMP (Automated Manifest Planner) von HENKE /67/ entwickelt. Das regelbasierte Planungswerkzeug ist dadurch gekennzeichnet, daß Planungsmethoden entsprechend der Problemstellung durch den Planer ausgewählt werden können. So können Teilpläne mit einer Vorwärtsverkettung oder Rückwärtsverkettung berechnet werden. Hervorzuheben sind zudem die Funktionalitäten zur Erfassung der Expertenerfahrung während des Planungsprozesses, die sich laut Verfasser als wirkungsvoll erweisen. Zwar ist das System für einen dezentralisierten Betrieb konzipiert, die Planung selbst erfolgt jedoch aus einer zentralen Position heraus und läßt nur zwischen einzelnen Knoten Freiheiten zu.

Ein System zur multiagenten-basierten Planung von Ressourcen beschreibt SUHL /152/. Das System besteht aus einem verteilten Datenbanksystem, Verhandlungsagenten und netzplanbasierten Planungsagenten. Die Verhandlungsagenten verhandeln die Ressourcen anhand eines speziell entwickelten Protokolls. Das Gesamtkonzept sieht eine Zweiteilung der Agenten in rechnergestützte und menschliche Planungsagenten, die unterschiedliche Rollen und Aufgaben besetzen, vor. Ein ähnliches Konzept beschreibt GENESERETH /58/.

Die Arbeit von KIRN /81/ dokumentiert ein System zur Lösung des Terminfindungsproblems im Rahmen der Projektarbeit mit Hilfe autonomer Planungsagenten. Hier wird jeder organisatorischen Einheit ein Agent zugeordnet, der die jeweilige Terminplanung und Koordination übernimmt. Jedoch ist das System nicht geeignet, ganze Vorgangsfolgen zu berechnen und zu koordinieren.

Das System SOPP steht stellvertretend für zahlreiche Multiagenten Planungssysteme für den Fertigungsbereich /76/. Den verwendeten Planungsprinzipien liegt zumeist eine transaktionskostenbasierte Koordination zugrunde. Für die Übertragbarkeit auf F&E-Bereiche steht der Nachweis jedoch noch aus.

An der TU Berlin wurde von OCHS /112/ ein “Simultaneous Engineering-Blackboard-Modell“ zur simultanen Aufgabenbearbeitung entwickelt. Basierend auf einem integrierten Modell, zusammengesetzt aus Fabrik-, Produkt-, Nutzungs- und Prozeßmodell, stellt dieser Ansatz ein allgemeingültiges Lösungsprinzip zur Entwicklung von Informationssystemen dar. Durch frei zu konzipierende Kontroll- und Aktivierungslogiken kann mittels der zugehörigen Inferenzkomponenten, die den Ablauf bestimmter Einsatzzeitpunkte einzelner Wissensdomänen definieren, geplant werden. Bei komplexen Projekten besteht das Problem in der Findung allgemeingültiger Regeln, für den Aufbau der Inferenzkomponente.

	Planung von Abläufen (A2)	Eignung für dezentrale Organisationsstrukturen (A3)	Hohe Planausdrucksfähigkeit (A4)	Verarbeitung unvollständiger und inkonsistenter Daten (A5)	Anpaßbarkeit an veränderliche Projektsituationen (A8)	Offene und standardisierte Datenhaltung (A9)	Phasen- und ergebnisorientierte Planung (A10)	Kompetenzförderlichkeit (A12)	Handlungsflexibilität (A13)	Aufgabenangemessenheit (A14)	Bedingte Standardisierbarkeit und Formalisierbarkeit (R2)	Geringe Determinierbarkeit (R3)	Unklare und zeitlich veränderliche Zielvorgaben (R5)	Häufige und schnelle Planungsprozesse (R11)	Schwierige Formalisierung und Quantifizierung von Planungszielen (R12)	Verteiltes Planungswissen (R14)
Aalst /162/	○	○	○	○	○	○	○	●	*	●	*	○	○	*	●	○
Allen /4/	●	○	●	○	○	○	○	○	○	○	○	○	*	○	○	○
Boddy /16/	●	○	●	○	○	○	○	○	○	○	○	○	*	○	○	○
Bullinger /19/	○	*	○	*	○	●	●	*	*	*	●	●	●	*	●	●
Debus /35/	●	●	○	○	○	○	●	●	●	○	○	○	○	*	○	*
Eversheim /48/	●	○	○	○	○	*	*	●	●	○	○	*	*	○	*	○
Goldmann /59/	●	*	○	*	●	●	○	●	*	*	●	●	○	*	●	*
Henke /67/	●	*	○	●	○	○	*	*	○	*	*	○	*	*	○	○
Kassel /76/	*	●	○	○	○	*	○	○	○	○	●	○	○	*	○	●
Kehr /78/	●	○	*	○	○	○	○	*	○	*	*	●	*	*	●	○
Kirn /81/	*	●	○	○	○	*	○	○	○	○	●	○	○	*	○	●
Krause /90/	●	*	○	○	○	●	●	○	*	*	*	*	*	*	○	*
Kusiak et al./92/	*	○	○	○	*	○	*	○	○	●	○	*	*	○	*	○
Ochs /112/	●	●	○	○	○	●	●	*	*	*	●	●	●	*	●	●
Sathi /138/	●	●	○	○	*	○	*	*	*	○	○	○	●	●	●	*
Saretz /136/	*	○	○	○	●	○	●	●	●	○	○	○	○	*	*	○
Schuhman /145/	●	○	○	○	●	●	●	●	●	*	●	●	*	*	●	*
Stillmann /150/	●	○	●	○	○	○	○	○	○	○	○	○	*	○	○	○
Suhl /152/	●	*	○	○	○	○	*	○	○	*	○	○	●	●	●	○
Tabe /154/	*	○	○	○	*	○	*	*	○	*	○	○	*	*	*	○
Wagner /166/	●	○	○	○	*	○	*	●	*	*	*	*	●	*	●	○
	geeignet ●					teilweise geeignet *						nicht geeignet ○				

Tabelle 5: Bewertung von rechnergestützten Systemen zur Planerstellung

Aufgrund der Schwierigkeiten bei der Planung von Produktentwicklungsprozesse, charakterisiert durch den geringen Anteil an deterministischen Aktivitäten und Verknüpfungen erarbeitete SCHUHMANN /145/ ein Konzept zur adaptiven Planung. Ausgangspunkt ist ein Entwicklungsprozeßmodell, in dem sowohl der geplante Prozeß als auch der tatsächliche abgebildet werden. Über einen wissensbasierten Ansatz fließt das existierende unternehmensspezifische Wissen in die Planerstellung mit ein. Die Vorgänge sind über die Regeln kausal verknüpft, und das System ermöglicht so eine automatische Generierung der Planungsschritte.

Die dynamische Integration planender und produktgestaltender Prozesse verfolgt GOLDMANN /59/ mittels des von PETRIE /120/ entwickelten Redux- Modells. Der Ansatz des entwickelten Planungssystems PROCURA beruht auf dem methodischen Dokumentieren der Semantik zwischen Produktobjekten und denen durch die Entwickler und Planer gefällten Entscheidungen bei der Produkt- und Projektgestaltung. Ziel ist die flexible und schnelle Änderung von Plänen zur Projektlaufzeit anhand des zur Projektlaufzeit aufgebauten Produkt- und Planungswissens.

BULLINGER et al. /23/ beschreiben das Planungssystem EPM, welches über ein Engineering-Data-Management-System direkt an eine verteilte Konstruktions- und Datenbankumgebung angeknüpft ist. Die Planung der Aktivitätenabfolge wird von EPM nicht unterstützt. Über eine Schnittstelle zu einem kommerziellen Planungssystem können jedoch Vorgangsfolgen eingelesen werden.

Ein Expertensystem zur Übernahme von Funktionen eines dezentralisierten Projektmanagements beschreiben SATHI, MORTON und ROTH /138/. Der Ansatz mit CALLISTO zeigt, daß die Aufteilung der Gesamtaufgabe auf eine Menge verteilter Organisationseinheiten, die für die Problemlösung innerhalb des Projektes einzusetzen sind, durchaus sinnvoll ist. Die einzelnen Agenten erreichen durch den definierten Austausch von Botschaften, nach der Identifizierung von Konflikten zwischen Teilplänen, eine Abstimmung untereinander. Zwar steht in CALLISTO ein Master-Slave-Koordinationsmechanismus zwischen dezentral geplanten Aufgaben bzw. Teilplänen zur Verfügung, aber aufgrund der Netzplanbasierung ist keine Generierung von Vorgangsfolgen möglich.

Mit PLASMA wurde von DEBUS /35/ ein Expertensystem zur verteilten Planung von Fertigungssystemen vorgestellt. Aufbauend auf einem definierten Vorgehensmodell, welches die Aufgaben bei der Planung von Fertigungssystemen festlegt, entwickelte DEBUS ein Blackboard-basiertes Planungsmodul mit Hilfe von nicht-linearen Algorithmen. Die Zuordnung von Ressourcen erfolgt nach dem Verfahren von YAGER (siehe dazu /181/). Es setzt jedoch die Quantifizierung der zu erreichenden Planungsziele voraus. Diese Funktionalität wird durch Module zur Planungsspezifikation, zur Planungssteuerung und zum Planungscontrolling ergänzt. Durch die Integration fuzzy-theoretischer Konzepte wird versucht, eine effektive Entscheidungsunterstützung bei Unsicherheiten im Controlling zu ermöglichen. Für den Einsatz in Entwicklungsprojekten im RPD ist dieses Werkzeug aufgrund der des verwendeten rigiden Vorgehensmodells nicht geeignet.

Ausgehend von Organisations-, Ressourcen- und Aktivitätenmodellen werden mit Hilfe eines Simplexalgorithmus im System PEPSY Entwicklungsprozesse geplant und optimiert /90/. Zusätzlich können geplante Prozesse anhand von entwicklungsprojektspezifischen Kennzahlen optimiert werden. Die Optimierung selbst wird durch eine Wissensdatenbank, die der Planer fallspezifisch einsetzen kann, unterstützt.

Ein auf Petri-Netzen basierendes Tool zur Planung von evolutionären Entwicklungsprozessen, wie sie in der Softwareindustrie üblich sind, stellt TABE /154/ vor. Durch die Abbildung der Vernetzung der parallel durchzuführenden Prozesse kann das System Interessenskonflikte erkennen. Die Lösung der Konflikte über eine Neudefinition der Knoten und Kanten des Petri-Netzes wird durch eine Wissensdatenbank unterstützt. Der eigentliche Prozeß zur Erstellung von Ablaufplänen wird jedoch nicht unterstützt.

WAGNER /166/ beschreibt das wissensbasierte Planungssystem PRESTIGE, welches dem Projektleiter erlaubt, die Besonderheiten von Satellitenentwicklungsprojekten durch den Aufbau und die Gestaltung individueller Regeln zu berücksichtigen. Die Bestimmung des Plans erfolgt zweistufig. Zuerst wird ein Vorranggraph berechnet, um dann nach Zuordnung der benötigten Ressourcen den endültigen Plan zu erhalten. Das System ist weder für dezentrale Strukturen ausgelegt, noch unterstützt es die strukturierte Dokumentation.

Das System TACHYON /150/ ermöglicht die Plandefinition mit Hilfe von Allen-Relationen und bietet somit eine höhere Planausdrucksfähigkeit als die übrigen Expertensysteme. Ähnliche Ansätze und Prototypen beschreiben ALLEN /4/ und BODDY /16/. Allen Systemen ist jedoch gemeinsam, daß die Planungsalgorithmen regelbasiert sind, und somit in komplexen Anwendungsfeldern wie der Produktentwicklung nicht einsetzbar sind. Ferner erlaubt keines der Systeme die Koordination dezentral geplanter Prozesse.

Wie aus Tabelle 5 ersichtlich wird, erfüllen zwar zahlreiche Systeme die Anforderung zur Unterstützung bei der Planung von Abläufen, sie sind jedoch vielfach nicht für dezentrale Organisationsstrukturen oder die Verarbeitung unvollständiger und inkonsistenter Daten geeignet. Nur wenige Systeme erlauben eine hohe Planausdrucksfähigkeit (A4). Generell läßt sich feststellen, daß keines der untersuchten Systeme den abgeleiteten Anforderungen und Randbedingungen vollständig entspricht.

2.3.3 Koordinationsmechanismen in verteilten Planungssystemen

Aus der Arbeitsteilung bei der Entwicklung von Produkten resultiert die Notwendigkeit der Koordination, d.h. die Abstimmung der arbeitsteiligen Aktivitäten im Hinblick auf das Gesamtziel. Koordination, sowohl im Sinne vorausschauender Abstimmung als auch im Sinne der Reaktion auf Störungen, kann mit Hilfe unterschiedlicher Mechanismen bewirkt werden /80/:

- Koordination durch *persönliche Weisungen*. Die Organisationsstruktur bildet den Rahmen, in dem die einzelnen Koordinationsprozesse ablaufen. Diese sind durch Anordnungen und Prämissen für die delegierten Entscheidungen „von oben" oder Meldungen „von unten" (im Sinne der Aufbauorganisation) gekennzeichnet.
- Koordination durch *Selbstabstimmung*. Die Koordinationsaufgaben werden von den jeweils Betroffenen als Gruppenaufgaben wahrgenommen. Dabei wird die Selbstabstimmung der Initiative der Gruppenmitglieder überlassen.
- Koordination durch *Programme*. Die Koordination erfolgt auf Basis festgelegter Verfahrensrichtlinien bzw. genereller Handlungsvorschriften, die Anweisungen von Vorgesetzten ersetzen oder zumindest verringern können. Programme können auch das Ergebnis eingeübter Verhaltensmuster sein.
- Koordination durch *Pläne*. Pläne sind das Ergebnis planender Handlungen unter dem Einsatz spezieller Methoden und rechnergestützter Planungssysteme. Hierbei lassen sich netzplanbasierte, wissensbasierte Systeme und Systeme, die mit Operations Research Methoden arbeiten, unterscheiden. Verteilte Planungssysteme bilden dabei eine Instanz der wissensbasierten Planungssysteme. Sie lassen sich nach der Art des Koordinationsmechanismus unterscheiden:
    - Der *Transaktionskostenansatz* basiert auf einem marktähnlichen Verhandlungsprinzip. Dies setzt die Existenz von vergleichbaren Austauschraten zwischen den zu koordinierenden Objekten wie beispielsweise Kosten voraus, um einen entsprechenden Handel betreiben zu können /81/.
    - Die *zentralistische und hierarchische Koordination* zeichnet sich dadurch aus, daß Agenten mit mehr globalen Informationen solche mit weniger globalen Informationen unterstützen. Informationen werden von den unteren Knoten der Hierarchie an die höheren Knoten weitergeleitet, mit dem Ziel, dort zu entscheiden /58/.
    - Im *Partial Global Planning* plant jeder Knoten seine Aktivitäten in eigener Verantwortung und in Abhängigkeit von der aktuellen Situation /43/. Das heißt, jedes Objekt muß zu jedem Zeitpunkt eine umfassende Kenntnis über das Gesamtsystem haben.

- o Das Ziel *spieltheoretischer Koordinationsansätze* ist die Positionsverbesserung der jeweils am Prozeß beteiligten Parteien ohne Kommunikation /132/. Bei der Planung stellt sich hierbei häufig das Problem, daß das Gesamtoptimum gleich bleibt und somit ein Plan nur zuungunsten eines anderen verbessert werden kann.

Anhand der Bewertung der Koordinationsmechanismen mit den formulierten Randbedingungen, wie sie in Produktentwicklungsprojekten im RPD herrschen, ergibt sich die in Tabelle 6 dargestellte Bewertungsmatrix. Hierbei wurden nur Randbedingungen (R) der Produktentwicklng mit einem RPD-Ansatz herangezogen, da es sich um keine speziellen Applikationen handelt, sondern um grundlegende Mechanismen.

Koordinationsprinzip	Qualitativ sowie quantitativ begrenzte Ressourcen (R1)	Bedingte Standardisierbarkeit und Formalisierbarkeit (R2)	Geringe Determinierbarkeit (R3)	Unklare und zeitlich veränderliche Zielvorgaben (R5)	Unvollständige, veränderliche Rahmenvorgaben und Einflußgrößen (R6)	Komplexe und unsichere, interne Wirkzusammenhänge (R8)	Schwierige Formalisierung und Quantifizierung von Planungszielen (R12)	Verteiltes Planungswissen (R13)	Ausrichtung auf das Gesamtziel (R14)
Persönliche Weisungen	*	●	*	*	*	○	*	○	●
Selbstabstimmung	●	*	●	●	●	*	*	●	○
Programme	*	○	○	○	○	○	*	●	*
Pläne	*	*	*	*	*	*	*	●	●
	geeignet ●			bedingt geeignet *			nicht geeignet ○		

Tabelle 6: Bewertung von Koordinationsmechanismen

In der Matrix in Tabelle 6 sind unter *Pläne* die erläuterten Koordinationsmechanismen subsummiert, die aufgrund ihres Ursprungs in der KI gleich evaluiert sind. Wie aus der Bewertung hervorgeht, erscheint im Rahmen der dargelegten Arbeit kein Koordinationsmechanismus geeignet zu sein. In der Koordination ist durch persönliche Weisung die Übertragbarkeit vorhandener Erfahrungen gegeben. Dies geschieht intuitiv durch die geistigen Fähigkeiten des Planers. Jedoch ist aufgrund des stark verteilten Planungswissens und der komplexen internen Wirkzusammenhänge die ausschließliche Verwendung persönlicher Weisungen wenig erfolgsversprechend.

Verteilte Planungssysteme sind zwar zur Generierung und Koordination von Plänen geeignet, doch deren ausschließliche Anwendung ist nicht zielführend. Zum einen können komplexe Wirkzusammenhänge nur unvollständig erfaßt werden. Zum anderen bestehen durch die bedingte Formalisierbarkeit von Planungswissen Einschränkungen seitens der Allgemeingültigkeit von Regeln.

Die Koordination durch Selbstabstimmung ist geeignet, um den komplexen internen Wirkzusammenhängen flexibel entsprechen zu können. Weiterhin kann auf zeitlich veränderliche Rahmen- und Zielvorgaben schnell reagiert werden. Ein grundsätzliches Problem stellen die fehlende Unterstützung bei der Nutzung von Erfahrungen sowie das Fehlen von speziellen Mechanismen zur Ausrichtung der Aktivitäten auf das Gesamtziel dar. Ferner benötigt die Anwendung der Selbstorganisation als Koordinationsinstrument einen vergleichsweise hohen Zeitaufwand und setzt entsprechend qualifizierte Mitarbeiter voraus /80/.

Die Koordination durch Programme kann den Aufwand für den Informationsaustausch erheblich vermindern. Programme sind jedoch vor allem für Routinefälle geeignet und deshalb in Produktentwicklungsprojekten nur sehr beschränkt einzusetzen.

2.3.4 Systeme zum integrierten Management von Planungsinformationen

Ein System zur Planung in dezentralen Strukturen stellt PACT dar /29/. Es ist modular aufgebaut und besteht aus einem netzplanbasierten Planungsmodul, einer relationalen Datenbank und einem Dokumentationsmodul. Letzteres besteht aus standardisierten Dokumenten zur Erfassung des Projektfortschritts und der Erfahrungen. Die Datenbank ist zentral konzipiert, um die Datenintegrität zu wahren und um den Zugriff entsprechend zu administrieren. Die Koordination der einzelnen Planungsagenten erfolgt selbstorganisiert. Eine Interpretation der Dokumente zur schnellen Auffindung von Informationen ist aufgrund der fehlenden Strukturierung nicht möglich.

Ein System zur reinen Verwaltung von Planungsdokumenten beschreibt SCHNÄKEL /141/. Die Datenhaltung erfolgt über eine relationale Datenbank, in der vordefinierte Dokumente administriert werden können. Das System ist weder für den Mehrbenutzerbetrieb ausgelegt, noch besitzen die zu verwaltenden Dokumente eine Semantik, die über den Namen und das Erstellungsdatum hinausgeht.

Das für den Mehrbenutzerbetrieb geeignete System PHB (Projekthandbuch) ermöglicht die Speicherung und Verwaltung aller projektmanagement-relevanten Dokumente /12/. Zwar beinhaltet das System keine speziellen Planungsfunktionen, doch können Schnittstellen zwischen Teams (Termine, Ergebnisse, Verantwortlichkeiten) flexibel geplant, überwacht und gesteuert werden. Außerdem ermöglichen spezielle Dokumente den kontinuierlichen Aufbau von Projektwissen. Die Dokumente selbst sind zum Teil strukturiert, doch fehlen Funktionen zur Nutzung der vorhandenen Informationen. Ferner ist das System nicht für heterogene Plattformen geeignet.

	Methodisch unterstützte Klärung von Zielvorgaben (A1)	Eignung für dezentrale Organisationsstrukturen (A3)	Verfügbarkeit aktueller, planungsrelevanter Informationen (A6)	Durchgängige Unterstützung der Dokumentationen und Planung (A7)	Offene und standardisierte Datenhaltung (A9)	Kompetenzförderlichkeit (A12)	Handlungsflexibilität (A13)	Aufgabenangemessenheit (A14)	Nicht ausschließbare und vorhersehbare Projektrisiken (R4)	Unklare Abgrenzung von Kompetenzen und Zuständigkeiten (R7)	Intensive Kommunikation (R9)	Räumliche Nähe (R10)
Berndes, Stanke /12/	●	*	*	*	O	●	●	●	●	*	*	*
Bullinger et al. /20/	●	●	●	O	O	*	*	●	●	*	*	*
Callahan /26/	*	*	●	*	●	*	●	●	O	O	*	*
Cleetus /29/	*	●	*	*	O	*	*	*	*	O	O	*
Schott /142/	O	●	*	●	O	*	*	●	*	O	*	*
Stuffer /151/	●	*	●	*	●	*	*	*	●	O	O	*
Winograd et al. /179/	O	●	O	O	O	O	O	O	●	*	●	*
	geeignet ●			teilweise geeignet *				nicht geeignet O				

Tabelle 7: Systeme zum integrierten Management von Planungsinformationen

Ein ähnlicher Ansatz wird mit dem Hypertext-System ProjectRecorder verfolgt /20/. Die Dokumente selbst sind über konventionelle Netzwerkbrowser zugänglich. Eine spezielle Planungskomponente fehlt, jedoch können über definierte Schnittstellen Projektpläne integriert, jedoch nicht editiert werden.

Im Unterschied zum vorherigen System kann die Lösung von CALLAHAN /26/ sowohl planungsrelevante Projektdokumentation über das Internet verwalten als auch während der Laufzeit Strukturen und Hyperlinks ändern. Dies ist insbesondere in dynamischen Entwicklungsumgebungen von Vorteil. Über spezielle Funktionen zur Koordination der beteiligten Entwicklungsteams verfügt das System nicht.

STUFFER /151/ entwickelte das System IPPM (Integriertes Produkt- und Projektmanagementsystem) für die Planung von Entwicklungsprojekten bei der integrierten Produktentwicklung. Das System basiert auf einer relationalen Datenbank. Die Projektplanung erfolgt über eine spezielle Dokumentenverwaltung, ohne jedoch spezifische Kooperationsmechanismen zu berücksichtigen oder spezielle Planungsfunktionen zur Verfügung zu stellen. Hierbei ist zu bemerken, daß die zentrale Datenbasis die Integration von Produktdaten und entsprechenden Planungsdokumenten ermöglicht.

WINOGRAD und FLORES /179/ entwickelten Ende der 80er Jahre das System COORDINATOR, welches zwar keine spezielle Planungsfunktionen besitzt, jedoch in der Lage ist, informelle Informationsaustauschprozesse wirkungsvoll zu unterstützen. Das System basiert auf einem traditionellen Electronic-Mail-System, wobei der Informationsaustausch einem definierten Protokoll, welches dem der natürlichen Kommunikation zwischen Menschen nachempfunden ist, unterliegt.

2.4 Fazit und Zielsetzung

2.4.1 Fazit der Analyse des Forschungsstandes

Die Analysen der rechnergestützten Systeme haben gezeigt, daß die abgeleiteten Anforderungen und Randbedingungen in keinem System vollständig berücksichtigt sind.

So stehen zwar Systeme zur Verfügung, die eine dezentrale Planung zulassen, die dazu notwendigen Koordinationsmechanismen sind jedoch meist regelbasiert. Dies setzt voraus, daß projektneutrale, allgemeingültige Regeln formulierbar sind. Aufgrund der zeitlich veränderlichen Rahmenbedingungen und Zielsetzungen (R4, R5) in Entwicklungsprojekten ist dies jedoch nicht immer möglich. Folglich ist die Gesamtheit der Planungssysteme, die automatisch anhand einer Wissensbasis Pläne erzeugen, nur bedingt für den Entwicklungsbereich geeignet. In der Klasse der netzplanbasierten Systeme kann eine Dezentralisierung nur so erreicht werden, daß Planknoten delegiert werden können. Dadurch entsteht jedoch eine hierarchische Struktur, die so nicht der Realität im RPD entspricht.

Die überwiegende Anzahl der am Markt befindlichen Systeme beruhen auf Netzplanverfahren, die nicht die nötige Planausdrucksfähigkeit besitzen. Das heißt, mit Netzplanverfahren ist die Beschreibung zeitlicher Abhängigkeiten zwischen Vorgängen auf Anfangs- und Schließbedingungen beschränkt. Notwendig sind jedoch Darstellungsmechanismen, mit denen beispielsweise zeitlich überlappende, abhängige Tätigkeiten abgebildet werden können.

Bei allen untersuchten Systemen sind zudem weder die Verarbeitung inkonsistenter und unvollständiger Daten noch die quantitative Untersuchung alternativer Pläne, die mit unterschiedlichen Optimalitätskriterien bewertet werden können, möglich. Dies ist jedoch aufgrund der typischen Eigenschaften des RPD-Prozesses mit seinem evolutionären Charakter und den damit verbundenen schnell wechselnden Rahmenbedingungen von großer Bedeutung.

Die Analysen zeigen auch, daß keines der Systeme berücksichtigt, daß die Planung und Koordination von Teilprozessen durch informelle Prozesse, die nicht durch die ausschließliche Verwendung formaler Prozesse ersetzt werden können, getrieben wird.

Es wird ebenso oft verkannt, daß ein Planungssystem ein Hilfsmittel im Rahmen der Projektplanung ist. Dadurch fehlt in den meisten Fällen die Aufgabenangemessenheit der Systeme.

Beim integrierten Management von Planungsinformationen zeigen viele Systeme erhebliche Schwachstellen. Zwar ist es in manchen Fällen möglich, numerische und alphanumerische Informationen durch Funktionen zu interpretieren, doch fehlt die entsprechende Planungsfunktion, die numerische Daten erzeugen kann. Zudem ist die Informationslogistik meist zu starr und schwerfällig, um in dynamischen Projektstrukturen eingesetzt zu werden.

Neben der datentechnischen Integration projektgestaltender Aufgaben mittels rechnergestützter Systeme ist die Integration von strukturierten und semi-strukturierten Informationsträgern erforderlich. Dies folgt aus der Erkenntnis, daß Informationen in stark dezentralen Strukturen mit fehlenden Koordinationsinstanzen nur dann nutzbringend sind, wenn sie durch Softwareprogramme interpretierbar sind.

Es wird deutlich, daß eine rechnergestützte, integrierte Planung für Entwicklungsprojekte im RPD sinnvoll und notwendig ist. Die Integration bezieht sich dabei auf die Verwendung aller für die Projektplanung notwendigen Informationen und auf ein offenes Datenhaltungskonzept. Hinsichtlich des grundlegenden Planungsprinzips erfüllen die Ansätze zum verteilten oder sogenannten Multiagenten-Planen weitgehend die gestellten Anforderungen. Allerdings existieren signifikante Schwachstellen im Bereich der situations-spezifischen Planberechnung und -auswahl, der Handlungsflexibilität, der Nutzung von Planungswissen sowie der Koordination dezentral geplanter Teilpläne. Gleichwohl bietet die Verwendung von strukturierten Dokumenten Potentiale, um Systeme zur ausschließlichen Berechnung von Plänen sinnvoll zu ergänzen.

2.4.2 Zielsetzung der Arbeit

Das Ziel dieser Arbeit ist es, die Lücke zu schließen, die sich durch die speziellen Anforderungen und Randbedingungen von Entwicklungsprojekten im RPD einerseits sowie durch die fehlende Unterstützung entsprechend angepaßter Planungssysteme andererseits aufgetan hat. Hierbei soll keine komplett neue rechnergestützte Planungsumgebung entwickelt werden. Vielmehr liegt die Betonung auf den speziellen Aspekten einer erweiterten Rechnerunterstützung, wie sie sich aus den dargelegten Anforderungen an die Aufgaben der Projektplanung und deren Qualität in der Neuentwicklung komplexer Produkte mit RPD ergibt.

Ziel ist es deshalb, ein rechnergestütztes System zur Unterstützung der Planung von Entwicklungsprojekten im RPD zu entwickeln. Dazu ist ein System zu entwerfen und prototypisch zu implementieren, welches eine dem Gegenstandsbereich entsprechende Qualität der Planung ermöglicht. Sowohl die Planung als auch die damit eng verknüpfte Koordination der Organisationseinheiten ist dezentral durchzuführen. Ferner sind alle Informationen, die während der Planung benötigt werden, in ein System zu integrieren, um sie nicht nur schnell zur Verfügung zu stellen, sondern auch entsprechend interpretieren zu können.

Damit ergibt sich die in Bild 9 dargelegte Gliederung dieser Arbeit. Ausgangspunkt stellt die in Kapitel 1 beschriebene *Problemstellung* bei der Planung von Entwicklungsprojekten, die mit einem RPD-Ansatz durchgeführt werden, dar. Kapitel 2 analysiert die *Randbedingungen*, die sich durch den Entwicklungsansatz ergeben und leitet dann die *Anforderungen* an ein entsprechendes Planungssystem ab. Gleichzeitig gibt dieses Kapitel einen Einblick in die möglichen *Ansätze zur Problemlösung*. In Kapitel 3 erfolgt die Erarbeitung eines Referenzmodells, welches planende Handlungen als Teil projektgestaltender Tätigkeiten analysiert und formalisiert. Es dient zur *Ableitung* der grundlegenden und speziellen *Systemfunktionalitäten* des in Kapitel 4 konzipierten Planungssystems. Diese *Konzeption* behandelt die Ansätze und Mechanismen zur Umsetzung der abgeleiteten Systemfunktionen. Die Realisierung der Funktionen sowie die dafür notwendigen Voraussetzungen seitens der Hard- und Basissoftware sind in Kapitel 5 dokumentiert. In Kapitel 6 ist die Funktionalität des Systems anhand eines Anwendungsbeispiels aus der Praxis nachgewiesen. Das letzte Kapitel faßt die wesentlichen Gesichtspunkte der Arbeit zusammen und zeigt Möglichkeiten zur Weiterführung der vorliegenden Arbeit auf.

Problemstellung

Unzureichende Mechanismen zum schnellen, situativen Generieren von Teilplänen

Unzureichender Aufbau und Koordination teambezogener Teilpläne

Unzureichende Logistik planungsrelevanter Informationen

Anforderungen und Randbedingungen

Planung von Abläufen
Eignung für dezentrale Organisationsstrukturen
Anpassung an veränderliche Projektsituationen
Einsatz in Entwicklungsprojekten mit RPD-Ansatz

Ansätze zur Problemlösung

Rechnergestützte Projektplanung

Stand der Technik bei rechnergestützten Systemen zur Planung und Koordination von Entwicklungsprojekten

Multiagenten-basierte Planungssysteme

Ableitung der Systemfunktionen

Systemanalyse projektdefinierender Prozesse im Rahmen der Produktdefinition

Referenzmodell

Geschäftsfallorientierte Funktionen

Konzeption

Allen-Zeitrelationen zur Planrepräsentation

Backtracking und Constraint Propagation Algorithmen zur Planberechnung

Kennzahlen zur Planbewertung

Szenariotechniken zur Planauswahl

Realisierung

Plattformunabhängige Applikation

Objektorientiertes Datenbanksystem zur Abbildung der Datenstrukturen

Anwendungsbeispiel

Bild 9: Aufbau der Arbeit

3 Referenzmodell zur Ableitung von Systemfunktionen

Der Ausgangspunkt für die Entwicklung von Methoden und Hilfsmitteln zur Projektplanung ist die Abbildung des Systems in einem Modell. In der vorliegenden Arbeit wird dieses Modell als Referenzmodell bezeichnet. Es dient zur Ableitung der Funktionalitäten des zu entwickelnden Systems zur dezentralen Planung von Entwicklungsprojekten im RPD.

Gemäß der mit dem Modell verfolgten Zielsetzung werden zunächst Modellanforderungen festgelegt sowie eine geeignete Modellierungsmethode ausgewählt. Anschließend erfolgt die Untersuchung des zu betrachtenden Systems, indem entsprechend der systemtechnischen Analyse die Systemgrenzen festgelegt und alle erforderlichen Systemelemente identifiziert werden. Basierend auf diesen Ergebnissen erfolgt die Darstellung der Elementbeziehungen unter Verwendung der ausgewählten Methode. Zur Instantiierung des Referenzmodells wird der Gegenstandsbereich „Neuentwicklung eines technischen Produkts" betrachtet. Anhand des instantiierten Referenzmodells lassen sich dann die zu konzipierenden und zu implementierenden Systemfunktionen ableiten.

3.1 Ermittlung der Anforderungen an das Referenzmodell

Die Identifizierung der Modellanforderungen wird unter Berücksichtigung der in Kapitel 2 vorgegebenen Zielsetzung und Anforderungen an das Planungssystem durchgeführt.

Allgemeine Modellanforderungen sind - unabhängig vom Einsatzzweck - von allen Modellen zu erfüllen. Diese Anforderungen betreffen zum einen die *Eindeutigkeit* und *Widerspruchsfreiheit* des Modells. Zum anderen sind ein möglichst hoher *Realitätsbezug* und eine gute *Verständlichkeit* bzw. *Handhabbarkeit* des Modells anzustreben /33/, /117/.

Entsprechend dem Ziel, auf Basis des Referenzmodells die in Kapitel 4 beschriebenen Funktionen des Planungssystem abzuleiten, muß das Modell das zu betrachtende System in seiner Beschaffenheit repräsentieren. Deshalb ist als spezifische Anforderung festzulegen, daß das zu entwickelnde Referenzmodell als *Beschreibungs-* und *Vorgehensmodell* dienen soll.

Im Referenzmodell müssen die einzelnen Elemente und die jeweiligen Relationen zwischen den Elementen so strukturiert und modelliert werden, daß die logischen und zeitlichen Abhängigkeiten transparent sind. Aufgrund dieses

Sachverhalts läßt sich als Modellanforderung die *Repräsentation der Systemelemente* spezifizieren, die für die Methodenentwicklung zu betrachten sind. Außerdem sind die *Beziehungen* zwischen den Systemelementen im Referenzmodell zu definieren.

Wie in Kapitel 2 beschrieben, soll das Planungssystem den Typ der Entwicklungsaufgabe bei der Planung berücksichtigen (A8). Deshalb ist das Referenzmodell unabhängig von dem zu entwickelnden Produkt, von der gewählten Modellierungsmethode und von den spezifischen Entwicklungs- und Konstruktionsabläufen *allgemeingültig* aufzubauen.

3.2 Systemanalyse

Als Basis für die Erarbeitung des Referenzmodells erfolgt in diesem Kapitel eine Analyse des im Modell abzubildenden Systems der Produktentwicklung. Hier sind zu Anfang die Systemgrenze und die einzelnen Systemelemente sowie ihre Relationen untereinander festzulegen. Die Systemanalyse berücksichtigt die im vorherigen Kapitel ermittelten Anforderungen an das Referenzmodell.

3.2.1 Festlegung der Systemgrenze

Zur Definition des im Modell abzubildenden Systems muß eine Abgrenzung des zu betrachtenden Ausschnitts von seiner Umwelt durch Angabe der Systemgrenzen erfolgen. Dazu ist es erforderlich, dessen Schnittstellen zu definieren /125/, indem die jeweiligen Eingangs- und Ausgangsgrößen festgelegt werden. Die Eingangsgrößen sollen hierbei nicht vom System beeinflußt werden. Lediglich die Ausgangsgrößen dürfen vom System und dessen Eingangsgrößen abhängig sein /39/. Als mögliche Systemeingangs- und -ausgangsgrößen kommen Material, Energie oder Informationen in Frage /129/. Untersuchungen zeigen, daß in der Produktentwicklung, insbesondere bei konstruktiven und planenden Aufgaben, die Eingangs- und Ausgangsgrößen auf Informationen beschränkt sind /15/.

Hierbei sind v.a. produktdefinierende Informationen aus der Marktforschung und der strategischen Produktplanung relevant (weitere Informationen sind im Rahmen dieser Arbeit von geringerer Bedeutung). Dadurch ergibt sich eine grobe Aufgabenstellung sowie die an das Produkt gestellten Markt- und Kundenanforderungen. Projektrelevante Eingangsgrößen betreffen vor allem Informationen bezüglich dem geplanten Fertigstellungszeitpunkt sowie dem zur Verfügung stehenden Entwicklungsbudgets. Eingangsgrößen seitens anderer Projektvorhaben und die damit verbundene Problematik werden im Rahmen dieser Arbeit nicht näher betrachtet. Diese Thematik ist in anderen Arbeiten ausführlich behandelt /9/, /128/. Die Ausgangsgröße *projektdefinierende Informationen* beschreibt alle planungsrelevanten Sachverhalte. Sie werden für die Ausrichtung der Leistungen der am Produktentwicklungsprozeß beteiligten Organisationsmitglieder benötigt. *Projektdefinierende Informationen* finden zudem in Nachfolgeprojekten in gleichen oder anderen Unternehmensbereichen weiter Verwendung. Die Ausgangsgröße *produktdefinierende Informationen* beschreibt das zu entwickelnde Produkt. Hierzu zählen beispielsweise Informationen über die Geometrie, über die verwendeten Werkstoffe oder über technische Größen zur Charakterisierung spezieller Produkteigenschaften.

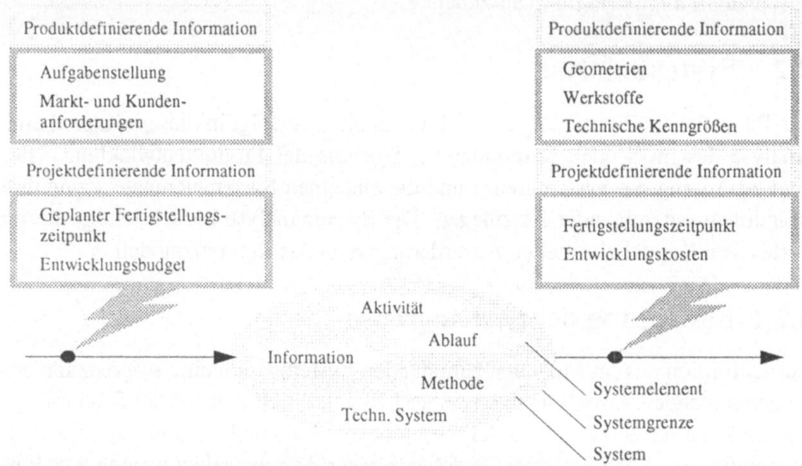

Bild 10: Systemgrenzen mit Ein- und Ausgangsgrößen

Über die Definition der Eingangs- und Ausgangsgrößen ist das für die Referenzmodellerstellung zu betrachtende System abgegrenzt.

Das in Bild 10 dargestellte System enthält die Elemente *Information, Aktivität, Methode, technisches System* und *Ablauf*, wie von BOCHTLER /15/ in seiner Arbeit zur Modellierung der Integration von Konstruktion und Arbeitsvorbereitung vorgeschlagen. Diese Annahme ist gerechtfertigt, da sowohl bei der Integration der Konstruktion mit der Arbeitsplanung als auch mit der Projektplanung ähnliche Prozesse durchlaufen werden. So ist in beiden Fällen die Information das wesentliche Element zur logischen Verknüpfung der Aktivitäten. Gleichfalls haben planende, kreative, den Ablauf bestimmende Aktivitäten einen hohen Anteil. Ebenso finden Methoden zur Unterstützung dieser Aktivitäten und zur Generierung von entsprechenden Informationen Verwendung.

3.2.2 Auswahl der Modellierungsmethode

Zur konkreten Analyse und Modellierung von Prozessen eignen sich verschiedene Methoden, die aufgrund ihrer spezifischen Eigenschaften für bestimmte Einsatzgebiete entwickelt wurden. Deshalb ist deren Analyse anhand der in Kapitel 3.1 hergeleiteten Anforderungen an das Referenzmodell notwendig (siehe dazu auch Tabelle 8).

Das Methodenpaket PSL/PSA /156/ wurde speziell für das Softwareengineering entwickelt. PSL ist ein sprachorientierter Ansatz zur Formulierung der Soll-Konzeption besonderer Klassen von Systemen, vornehmlich von Informationssystemen. PSA dient zur Weiterverarbeitung der Systembeschreibung, indem die Konzeption unter Durchführung von Vollständigkeits- und Konsistenzprüfungen in einer Datenbank abgespeichert wird.

Entity-Relationship-Diagramme (ERD) wurden von CHEN entwickelt und stellen ein Hilfsmittel zur grafischen Darstellung von Objekten mit ihren Attributen sowie von Beziehungen zwischen diesen Objekten dar /28/. Sie finden insbesondere beim Entwurf von Datenbankmodellen Verwendung.

Die Jackson-System-Development (JSD) Methode läßt sich in die Klasse der datenstrukturorientierten Analysemethoden einordnen. Die der Methode zugrundeliegende Idee umfaßt zum einen die Möglichkeit der Abbildung hierarchischer Datenstrukturen und zum anderen die Modellierung von Funktionen anhand dieser Datenstrukturen /119/.

Modellierungsmethoden/ Anforderungen	Eindeutigkeit	Widerspruchsfreiheit	Realitätsbezug	Verständlichkeit	Handhabbarkeit	Beschreibungsmodell	Vorgehensmodell	Repräsentation der Systemelemente	Repräsentation der Elementbeziehungen
CIM-OSA /111/, /83/	✱	●	✱	❍	✱	●	●	❍	●
Entity-Relationship-Diagramme (ERD) /28/	●	●	✱	✱	✱	●	❍	●	●
EXPRESS/EXPRESS-G /74/	●	●	✱	✱	✱	●	●	●	●
GRAI /88/	✱	✱	●	✱	❍	●	❍	✱	✱
Integriertes Unternehmensmodell (IUM) /153/	✱	✱	●	●	✱	✱	●	❍	✱
Jackson-System-Development (JSD) /119/	●	●	●	❍	❍	●	❍	●	✱
Kommunikationsstrukturanalyse (KSA) /88/	✱	✱	✱	●	✱	❍	●	✱	❍
Petri-Netze /119/	●	●	✱	●	✱	✱	●	❍	❍
PSL/PSA /156/	❍	❍	✱	●	●	❍	●	❍	✱
Structured Analysis and Design Technique /133/	✱	✱	✱	●	●	❍	●	❍	✱
Structured Analysis (SA) /36/	✱	✱	✱	✱	●	✱	●	✱	✱
NIAM /65/	✱	✱	✱	✱	❍	✱	❍	●	✱
	geeignet ●		teilweise geeignet ✱				nicht geeignet ❍		

Tabelle 8: Bewertung möglicher Methoden für das Referenzmodell

Die Methode SADT (Structured Analysis and Design Technique) arbeitet mit einer Diagrammsprache, um Systembeziehungen darstellen zu können /133/. Eine Funktion wird zusammen mit Steuereingängen (Controls), Eingängen (Inputs), Mechanismen (Resources) und Ausgängen (Outputs) beschrieben. Jedes System wird im SADT-Modell unter einem funktionalen Aspekt (activity diagram) und einem datenorientierten Aspekt (datagram) dargestellt. Diese Methode wurde u.a. von DEBUS /35/ und SARETZ /136/ für die Modellierung von Planungsprozessen verwendet.

Die Methode SA (Structured Analysis) /36/ ist eine Weiterentwicklung von SADT. Ziel der Methode ist die Problemerkennung auf Grundlage einer strukturierten, textuellen und grafischen Darstellung eines Systems. Ausgehend von einem sogenannten Kontextdiagramm wird der Systemablauf mit seinen einzelnen Prozessen und den Datenflüssen in grafischer Form dargestellt.

Petri-Netze basieren auf der formalen Darstellung von Zuständen (States), Funktionen (Transitions) und logischen Verknüpfungen (Arrows). Mittels Marken (Tokens) kann das dynamische Verhalten von Abläufen modelliert und simuliert werden /119/. Petri-Netze finden aufgrund der Möglichkeiten zur Abbildung von Zyklen insbesondere in der Prozeßmodellierung Verwendung.

Die GRAI-Methode /88/ dient zur Beschreibung von Entscheidungsprozessen für die Analyse und den Entwurf von Strukturen von Produktionsmanagement-Systemen, wogegen die Methode KSA (KSA = Kommunikationsstrukturanalyse) für die Planung einer unternehmensweiten Kommunikationsarchitektur für den Büro- und Produktionsbereich eingesetzt werden kann /88/.

Ferner existieren im Rahmen von CIM-OSA (CIM Open System Architecture) Methoden zur Strukturierung von Informationsbearbeitungsprozessen /111/. Ziel ist es, möglichst umfassende, funktionsorientierte Modelle von ganzen Unternehmen für den Einsatz von zukünftigen CIM-Komponenten zu erhalten, um so Normen für die Schnittstellen zwischen den Einzelsystemen abzuleiten.

Eine speziell auf die Reorganisation von Unternehmensprozessen ausgerichtete Methode stellt IUM (Integriertes Unternehmensmodell) dar /153/. Allerdings überwiegen organisatorische Gesichtspunkte, wie beispielsweise Routinen zur Darstellung von Projektteams und Verantwortlichkeiten. Die Modellierung von logischen Verknüpfungen ist nur schwer möglich.

Ursprünglich für die Modellierung von Datenstrukturen entwickelt, bietet die Methode EXPRESS vielfältige Möglichkeiten zur Modellierung von Systemen /74/. Aufgrund der Zielsetzung, das Referenzmodell sowohl als Beschreibungsmodell der Elemente als auch als Vorgehensmodell zu verwenden, wird die Entscheidung zugunsten der Modellierungsmethode EXPRESS getroffen. Diese

Methode ermöglich zusätzlich eine übersichtliche Darstellung der Systemelemente und deren logische Verknüpfung. Der Nachteil von EXPRESS, keine Organisationsstrukturen abbilden zu können, fällt aufgrund der Zielsetzung nicht ins Gewicht. Zur besseren Übersichtlichkeit wird anstatt der reinen Systembeschreibung des Modells mittels EXPRESS die grafische Variante EXPRESS-G verwendet. Da im Referenzmodell entsprechend den Anforderungen keine Zwangsbedingungen und Algorithmen modelliert werden müssen, welches nur mit EXPRESS möglich ist /75/, ist die Verwendung von EXPRESS-G gerechtfertigt. Eine Erläuterung und Darstellung der bei der Modellerstellung verwendeten Konstrukte bzw. Symbole aus EXPRESS-G sind in Anhang A ersichtlich.

3.3 Modellbildung

Für die Abbildung der Strukturen in einem Modell müssen die Beziehungen zwischen den Systemelementen als auch die Systemelemente selbst erfaßt werden. Zuerst werden die Relationen zwischen denen in Kapitel 3.2 identifizierten Systemelemente modelliert. Danach erfolgt die Instantiierung ausgewählter Systemelemente und deren Verknüpfung zu Partialmodellen.

3.3.1 Systemelementrelationen

Die Abhängigkeiten zwischen den Systemelementen werden unter Verwendung der ausgewählten Modellierungsmethode EXPRESS-G in einem Modell repräsentiert (siehe Bild 11). Das Modell läßt sich wie folgt interpretieren.

Jede Information dient aus produkt- und projektdatentechnischer Sicht zur Beschreibung des technischen Systems (*beschreibt*). Produktdaten beschreiben hierbei das zu entwickelnde Produkt, wogegen Projektdaten das dazu notwendige Entwicklungsprojekt dokumentieren. Eine Aktivität benötigt eine oder mehrere Informationen (*benötigt S(1:?)*), um eine oder mehrere Informationen zu erzeugen (*erzeugt S(1:?)*). Dabei bezieht sich eine Aktivität jeweils auf ein technisches System (*bezieht_sich_auf*). Der (Projekt-) Ablauf ist aus Aktivitäten zusammengesetzt. Dies umfaßt sowohl planende als auch wertschöpfende Tätigkeiten. Der Ablauf selbst besteht aus *(besteht_aus)* Aktivitäten. Bild 11 visualisiert hierbei die zentrale Rolle des Elements *Information* im Modell.

Um eine Aktivität oder Methode auszuführen, müssen die hierzu benötigten Informationen vorhanden sein. Dies wird durch die Relation *(benötigt S(1:?))* beschrieben. Der nächste Arbeitsschritt detailliert, anhand einer differenzierten Beschreibung der Einzelelemente, die Struktur des dargestellten Modells.

Informationsmodell

Im Informationsmodell werden die einzelnen zur Durchführung der Aktivitäten und der Methoden benötigten Informationen bereitgestellt und die erzeugten Informationen abgelegt. In der Aufgabenstellung ist das Informationsmodell in (*projekt_definierende_Information)* und *(produkt_definierende_Information*) untergliedert. Die bestehenden Abhängigkeiten zwischen produkt- und projektdefinierenden Informationen, wie z.B. Baugruppenaufbau und Änderungsdokumentverteiler, sind ausführlich in Kapitel 3.3.3 dokumentiert.

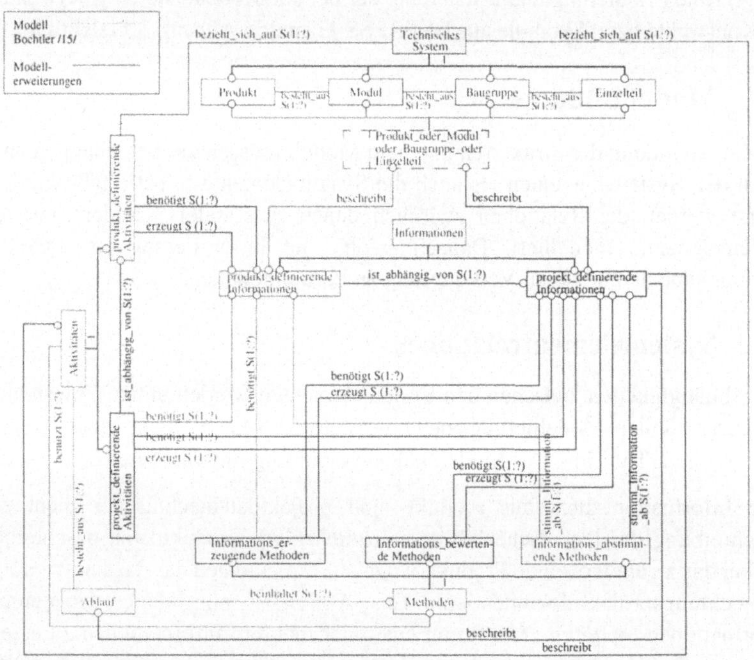

Bild 11: Referenzmodell des Gesamtsystems

Aktivitätenmodell

Im Aktivitätenmodell wird zwischen konstruktiven (*produkt_definierende Aktivität*) und planenden Tätigkeiten (*projekt_definierende Aktivität*) unterschieden. Letztere benötigen neben projektdefinierenden Informationen, um weitere entsprechende Informationen zu erzeugen, auch produktdefinierende Informationen. So muß beispielsweise zur Erstellung eines Projektstrukturplans eine vorläufige Produktstruktur bekannt sein. Dabei beeinflussen sich projektdefinierende und produktdefinierende Aktivitäten in einem nicht unerheblichen Maße /55/, /143/.

So zeigt SCHRADER /143/ am Beispiel der individuellen Risikoabschätzung der Projektsituation durch einen Experten und die dadurch resultierende Zuordnung von Ressourcen und Ablaufplanung, daß projektdefinierende Aktivitäten in erheblichem Maße das Produkt beeinflussen können. Ähnlich verhält es sich bei der Konzeption eines neuen Produkts. Hier hat beispielsweise die Wahl des Projektteams einen erheblichen Einfluß auf das Produkt. Dies steht im Gegensatz zur Integration von Konstruktion und Arbeitsplanung, wo prozeßdefinierende Aktivitäten keinen Einfluß auf produktdefinierende Aktivitäten ausüben dürfen /15/. Damit ist ersichtlich, daß eine *(ist_abhängig_von)* Relation zwischen dem Objekt *produkt_definierende_Aktivität* und dem Objekt *projekt_definierende_Aktivität* besteht.

Methodenmodell

Entsprechend der in Kapitel 2.2 definierten Zielsetzung, soll das zu entwickelnde System die effiziente Planung dezentraler Entwicklungsteams unterstützen. Hierbei kommen unterschiedliche Methoden zur Anwendung, die entweder planungsrelevante Informationen erzeugen (*informations_erzeugende_Methoden*), Einzelinformationen aufeinander abstimmen (*informations_abstimmende_Methoden*) oder Informationen bewerten (*informations_bewertende_Methoden*).

Informationserzeugende Methoden unterstützen die Vorwegnahme von Erkenntnissen durch eine frühzeitige Erzeugung von Informationen wie etwa die Berechnung von Vorgangsfolgen anhand gegebener Randbedingungen. Entsprechende Methoden aus der Produktgestaltung werden aufgrund der Zielsetzung der Arbeit nicht betrachtet. Informationsabstimmende Methoden dienen der Abstimmung von Teillösungen hinsichtlich des Gesamtziels des Projekts bzw. Teilprojekts. Informationsbewertende Methoden evaluieren gegebene Informationen anhand definierter Sichtweisen und Kriterien wie beispielsweise Kennzahlen.

Modell des technischen Systems

Das Modell des technischen Systems wird zur Ableitung von projektdefinierenden Informationen im Rahmen der Produktentwicklung benötigt.

Ein technisches System bzw. Produkt läßt sich in Module, Baugruppen und, als kleinste Einheit, in Einzelteile untergliedern /164/. Diese repräsentieren gleichzeitig die real existierenden physischen Systemelemente in der späteren Entwicklung. Für eine ausführliche Definition der Systemelemente wird auf andere Arbeiten verwiesen /15/. Eine ausführliche Modellierung des Elements *Technisches System* ist nicht notwendig, da die jeweiligen Ausprägungen keine direkte Auswirkungen auf die Art der planenden Tätigkeit oder den Inhalt projektdefinierender Informationen haben. Dies drückt sich auch in der Relation *(bezieht_sich_auf)* zwischen technischem System und den Aktivitäten aus.

Auf eine explizite Modellierung des Elements *Ablauf* kann verzichtet werden, da das Wissen über den expliziten Ablauf für die Ableitung von Systemfunktionen nicht relevant ist.

3.3.2 Systemelemente

Das nun folgende Kapitel instantiiert die Elemente *Aktivität, Information und Methoden* entsprechend dem Referenzmodell, da sie für die Ableitung der Funktionen des Planungssystems notwendig sind. *Aktivitäten* bilden das Kernelement der Planung. Die *Information* als das Bindeglied zwischen Aktivitäten und *Methoden* ist notwendig, um die entsprechende Bearbeitung der Aufgabe zu realisieren. Bei der Modellbildung für produktdefinierende Elemente kann auf bestehende Arbeiten zurückgegriffen werden /15/.

Die Grundlage beim Aufbau des instantiierten Modells bilden umfangreiche Aufgaben- und Informationsflußanalysen in der Projektplanung. Hierbei wurden sowohl Untersuchungen in der Praxis als auch Literaturrecherchen vorgenommen /6/, /25/, /31/, /53/, /79/, /100/, /114/, /122/, /131/, /139/.

3.3.2.1 Aktivitätenmodell

Zur Erstellung des Aktivitätenmodells ist ein Top-down-Vorgehen gewählt worden. Dies hat den Vorteil, daß bei der schrittweisen Dekomposition der einzelnen Aktivitäten die Überschaubarkeit des Modells gewährleistet bleibt. Das Aktivitätenmodell gliedert sich in die Dimensionen, wie sie in der Zielsetzung der Arbeit dargelegt sind - Projekt planen, Entwicklungsteams koordinieren und Planungsinformationen managen. Jede Dimension ist auf drei Ebenen detailliert. In Bild 12 ist die erste Detaillierungsebene der Aktivitäten dargestellt. Das komplette Aktivitätenmodell befindet sich in Listenform in Anhang A. Im folgenden sind die für die Ableitung der Systemfunktionen wichtigen Aktivitäten der ersten Ebene kurz beschrieben.

Projekt Planen

Die *Implementierung der Aufbauorganisation* umfaßt die Suche nach geeigneten Projektmitgliedern sowie die Definition von Verantwortungen und Befugnissen. Grundlage dafür ist eine definierte Projektorganisation, die die grundlegende Organisationsstruktur beschreibt. Beispiel ist die Entscheidung, ob ein Projekt in einer reinen Projektorganisation abgewickelt wird oder über die Linienfunktionen. Während der *Bildung der Teilprojektstrukturen* werden anhand der Rahmenbedingungen durchzuführende Vorgänge und die jeweiligen Ergebnisse identifiziert. Ist keine weitere Arbeitsteilung mehr notwendig, so können teaminterne Meilensteine definiert werden. Danach bzw. parallel zu diesen Aufgaben setzt der Planer die *zeitlichen Relationen zwischen* den *abhängigen Vorgängen.*

Hier sind Relationen zu unterscheiden, die innerhalb (interne Relationen) oder außerhalb (externe Relationen) des Planungsdomains liegen (siehe dazu auch Kapitel 4.2.1). Anhand der zur Verfügung stehenden Ressourcen und den zu bearbeitenden Aufgaben kann dann eine *Aufwandsschätzung und Ressourcenplanung durchgeführt* werden. Diese Aktivitäten sind meist zeitgleich mit der *Terminplanung* und der letztendlichen Bestimmung der terminierten Vorgangsfolge. Sind die *Teilprojektpläne* in den Teams generiert, so gilt es, diese mit den anderen Teams *abzustimmen.*

Instantiiertes Aktivitätenmodell

Projekt Planen	**Entwicklungsteams Koordinieren**	**Management von Planungsinformation**
Aufbauorganisation implementieren	Vorgehensziele und Restriktionen Projekt definieren	Berichtswesen aufbauen
Teilprojektstrukturen bilden	Projektorganisation definieren	Projektspezifische Konventionen festlegen
Interne und externe Relationen zwischen abhängigen Arbeitspaketen setzen	Synchronisationspunkte definieren	Meilensteine inhaltlich festlegen und beschreiben
Aufwandsschätzung und Ressourcenplanung durchführen	Gesamtprojektstruktur bilden	Arbeitspakete beschreiben
Terminplanung durchführen	Teilprojekte synchronisieren	Ressourcenbezogene Informationen beschreiben
Teilprojektplan verabschieden	Schnittstellen zwischen Entwicklungsteams definieren	
Feinplanung im Team durchführen	Ergebnisse Teilprojektplanung abstimmen	

Bild 12: Erste Ebene des instantiierten Aktivitätenmodells

Entwicklungsteams koordinieren

Zu Beginn eines jeden Entwicklungsprojekts sind die *Vorgehensziele und Restriktionen des Projekts zu definieren.* Es umfaßt die Grobdefinition der Leistungs- und Zeitziele sowie die Festlegung relevanter Restriktionen und Rahmenvorgaben. Während der *Definition der Projektorganisation* werden die für das Projekt präferierte Organisationsstruktur, der Projektleiter sowie die primären Leitungspositionen bestimmt.

Das Konzept der Rahmenplanung, dargestellt durch die Aktivität *Synchronisationspunkte definieren,* basiert auf der Überlegung, daß das Erfahrungswissen der Teammitglieder vor Ort in den Planungsprozeß einzubeziehen ist. Dieses Wissen beinhaltet Kenntnisse und Erfahrungen, die im täglichen Umgang mit dem Prozeßablauf gewonnen werden sowie das entsprechende Kontextverständnis /64/. Es setzt jedoch die Definition von Eckterminen bzw. Rahmenterminplänen, die sich über einen längeren Zeitraum erstrecken, als ein Instrument zur projektweiten Synchronisation dezentral operierender Entwicklungsteams voraus.

Die Rahmenterminplanung leitet aus Terminen und zugehörigen Ereignissen, die durch das Synchronisieren eines Meilensteins vereint werden /122/, ein grobes Terminraster ab. Dieses Raster soll die Einhaltung übergeordneter Termine garantieren. Das Ergebnis einer Rahmenterminplanung ist ein Meilensteinplan, der jedoch nach STUFFER /151/ in unterschiedlichen Qualitäten vorliegen muß.

Es lassen sich Meilensteine dreier Ordnungen unterscheiden (siehe Bild 13):

- Ein *Meilenstein erster Ordnung* dient zur projektweiten Abstimmung zu erreichender Teil- und Zwischenergebnisse im arbeitsteiligen Umfeld.
- Ein *Meilenstein zweiter Ordnung* stellt einen wichtigen Abstimmungstermin zwischen verschiedenen Entwicklungsteams dar. Er dient der teamübergreifenden Synchronisierung voneinander abhängiger Teil- und Zwischenergebnisse bzw. der Weitergabe wesentlicher Informationen im arbeitsteiligen Umfeld.
- Ein *Meilenstein dritter Ordnung* stellt einen wichtigen Abstimmungstermin zwischen den Vertretern verschiedener Disziplinen dar. Er dient der teaminternen Abstimmung und definiert dadurch den persönlichen Planungsspielraum der involvierten Mitarbeiter.

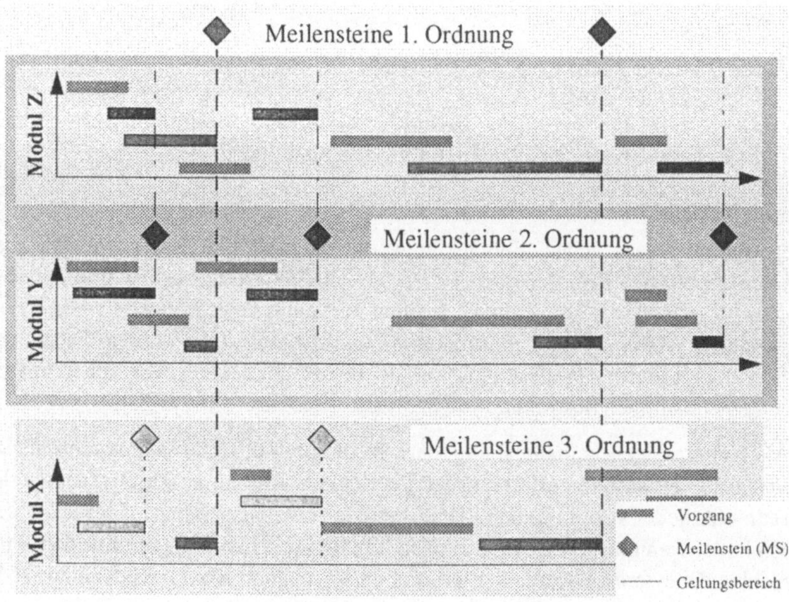

Bild 13: Rahmenterminplanung mit dreistufiger Meilensteinstruktur

Meilensteine gliedern ein Projekt in Phasen. Gleichzeitig schafft die explizite Definition von zu erzielenden Ergebnissen durch die Teams die Grundlage zu einer ergebnisorientierten Projektplanung. Ein Rahmenterminplan ist somit ein koordinierendes Instrument für eine definierte Anzahl dezentral operierender Entwicklungsteams.

Bei der *Bildung der Gesamtprojektstruktur* sind die Kommunikationswege aufzubauen sowie die Gesamtaufgabe zu strukturieren. Parallel zu den planenden Aufgaben in den jeweiligen Projektteams sind die Einzelaufgaben zu synchronisieren. Dazu sind insbesondere gemeinsame Meilensteine abzustimmen. Hier herrscht eine enge Verflechtung zwischen rein koordinierenden Aufgaben und Aufgaben, die die Generierung von Plänen zum Ziel haben. Während der *Abstimmung der Teilprojekte* erfolgt die Identifizierung und Lösung von Zielkonflikten zwischen Teilprojektplänen.

Management von Planungsinformation

Zu Beginn des Projekts ist das *Berichtswesen aufzubauen.* Neben der reinen Terminierung der Meilensteine und Vorgänge sind diese *inhaltlich zu beschreiben* sowie die personifizierten Verantwortungen zu benennen. Die *Beschreibung ist für jede Aktivität und für jeden Meilenstein* vorzunehmen, wobei auch mögliche Risiken zu identifizieren und zu beschreiben sind. Ergänzt wird dies durch die *Dokumentation ressourcenbezogener Informationen* wie beispielsweise Qualifikationen oder Kostensätze. Vor und während des Projekts sind ferner *planungsrelevante* Informationen zwischen Teams *auszutauschen*, um so die Koordination der Einzelaufgaben zu unterstützen.

3.3.2.2 Informationsmodell

Analog zur Instantiierung des Aktivitätenmodells ist die Vorgehensweise beim Aufbau des Informationsmodells. Die analysierten Modelle sind zu einem Informationsmodell in Form einer strukturierten Liste auf insgesamt drei Detaillierungsebenen verdichtet. Informationen von ähnlicher Bedeutsamkeit sind auf gleichen Strukturebenen angeordnet. In der Informationsliste sind keine verfahrens- und produktspezifischen Informationen enthalten, um die Allgemeingültigkeit des instantiierten Modells zu gewährleisten. Die erste Ebene der Liste ist in Bild 14 dargestellt. Das komplette Informationsmodell befindet sich in Listenform in Anhang A.

Planungsrelevante Informationen sind das Ergebnis einer oder mehrerer Aktivitäten (auf diesen Sachverhalt wird in Kapitel 3.3.3 ausführlich eingegangen). Deshalb sind an dieser Stelle nur solche Informationen zu vertiefen, die für die Ableitung der Planungssystemfunktionen wichtig sind, und sich nicht direkt aus der Beschreibung des Aktivitätenmodells ableiten lassen.

Maßgebliches Ergebnis synchronisierender Aktivitäten sind Informationen über *Termine und Inhalte von Meilensteinen.* Die Informationen über *interne und externe zeitlogische Relationen* von Vorgängen beziehen sich auf Relationen zwischen Vorgängen und auf Relationen zwischen Vorgängen und Meilensteinen. Sie beschreiben die Operationalisierung der Schnittstellen in Form von definierten Ergebnisübergaben und Verantwortlichkeiten. Das Ergebnis der *Aufwandsschätzung und Ressourcenplanung* sind differenzierte Informationen über den Ressourcenbedarf und über die daraus resultierende Ressourcenplanung sowie die Belastung der Mitarbeiter. Die *Terminplanung* liefert die frühesten und spätesten Anfangszeit- und Endzeitpunkte der eingeplanten Vorgänge. Daraus lassen sich dann die jeweiligen Pufferzeiten ableiten.

Instantiiertes Informationsmodell

Projektplanungs-information	**Koordinierende Information**	**Management von Planungsinformation**
Aufbauorganisation	Vorgehensziele und Restriktionen Projekt	Berichtswesen
Teilprojektstrukturen	Projektorganisation	Projektspezifische Konventionen
Interne und externe Relationen	Definierte Synchronisations-punkte	Inhalt Meilensteine
Aufwandsschätzung und Ressourcenplan	Struktur Gesamtprojekt	Inhalt Arbeitspakete
Terminplan	Konsens Rahmenterminpläne	Ressourcenbezogene Informationen
Endgültiger Teilprojektplan	Schnittstellen zwischen Entwicklungsteams	
Durchgeführte Feinplanung	Konsens Teilprojektpläne	

Bild 14: Erste Ebene des instantiierten Informationsmodells

3.3.2.3 Methodenmodell

Für eine reine Aufgabenanalyse der Projektplanung ist die Betrachtung von Aktivitäten und Informationen ausreichend. Um jedoch ein benutzergerechtes Planungssystem zu konzipieren, sind auch diejenigen Methoden zu betrachten, die in der Praxis üblich sind. Deshalb wurde zur Instantiierung des Modells der Methoden sowohl eine umfangreiche Literaturrecherche als auch eigene Analysen zur Darlegung der Praxis verwendet /6/, /25/, /31/, /33/, /44/, /53/, /63/, /100/, /122/, /131/, /139/. Die Methoden sind analog zum Aktivitäten- und Informationsmodell klassifiziert und in Bild 15 dargelegt.

Organisatorische Maßnahmen, wie beispielsweise integrierte Teams oder persönliche Weisungen, wurden hierbei nicht berücksichtigt, obwohl sie in zahlreichen Arbeiten aus der Organisationstheorie /80/, /86/, /124/ als Methoden bezeichnet werden. Zwar können diese Maßnahmen zur Generierung spezieller Informationen herangezogen werden, sie sind für eine eindeutige Ableitung von Systemfunktionen jedoch nicht zielführend. Die Notation der Methode ist dabei so gehalten, daß noch Freiräume für spezielle Ausprägungen der Methoden möglich sind, ohne das grundlegende Verständnis zu gefährden.

Instantiiertes Methodenmodell

Informations-erzeugende Methoden	Informations-bewertende Methoden	Informations-abstimmende Methoden
Kreativitätstechniken	Nutzwertanalyse	Spezielle Planungsworkshops
Analyse ähnlicher Systeme	Rangfolgeverfahren	Workflowmanagement
Delphi-Methode	Szenarientechnik	Belastungsrechnung
Operations Research Verfahren	Statistische Verfahren	Termin-Trend Diagramme
Balkendiagramme	Kennzahlen	Meilensteintechniken
Projektstrukturpläne	Fortschrittsdiagramme	Funktionendiagramm
Netzplanverfahren	Entscheidungsbäume	
Simulationsverfahren	Wahrscheinlichkeitstheorie	
Checklisten	Risikoanalyse	

Bild 15: Instantiiertes Methodenmodell

Zur Klasse der *informationserzeugenden Methoden* gehören z.B. Projektstrukturpläne, die dem Planer Aufschluß über die inhaltliche Struktur des zu planenden Projekts geben. Bei der Analyse ähnlicher Systeme versucht man durch den Vergleich mit ähnlichen Problemstellungen oder Sachverhalten, neue Informationen für die aktuelle Problemstellung zu gewinnen. Eine klassische *Methode der Informationsbewertung* ist die Nutzung von Kennzahlen, um umfangreiche Sachverhalte in komprimierter Form einschätzen zu können. Ähnlich verhält es sich mit Fortschrittsdiagrammen, die den aktuellen Projektstand, der über eine Vielzahl unterschiedlicher Daten beschrieben wird, in einfacher Form darstellen. Ein typisches Beispiel für eine *abstimmende Methode* ist die Belastungsrechnung, um die Auslastung der am Prozeß beteiligten Personen oder Teams zu visualisieren.

3.3.3 Integrierte Partialmodelle

Wie die Aufgabenanalyse zeigt, stellen Informationen und somit das Informationsmodell den Kern des Referenzmodells dar. Mit Hinblick auf die Zielsetzung der Arbeit - die Konzeption und Implementierung eines rechnergestützten Systems für dezentrale Planung von Entwicklungsprojekten - gilt es nun, die instantiierten Teilmodelle entsprechend dem Referenzmodell in Beziehung zu setzen. Dadurch lassen sich dann die benötigten Funktionen des Systems ableiten.

Betrachtet man die in Bild 11 aus dem Referenzmodell stammenden aufgelisteten Beziehungen zwischen den Elementen, so erkennt man ausschließlich 1:n-Relationen. Da jedes Element bei einer Instantiierung m-mal vorkommen kann, ergeben sich in jedem Fall n:m-Relationen. Ein geeignetes Hilfsmittel zur Darstellung von n:m-Beziehungen stellen (nxm)-Matrizen dar /18/. In Tabelle 9 sind alle benötigten Matrizen entsprechend der Elementbeziehungen dargestellt. Jede der drei Elementbeziehungen wird mit einer solchen Matrix abgebildet. Entsprechende Einträge in den Matrizen repräsentieren die jeweiligen Beziehungen zwischen den instantiierten Elementen. Das folgende Unterkapitel beschreibt die für den Aufbau der Matrizen notwendigen instantiierten Partialmodelle der identifizierten Systemelemente. Die Instanzen der jeweiligen Modelle bilden somit die Spalten bzw. Reihen der eben beschriebenen Matrizen. Einen ähnlichen Ansatz verfolgt BOCHTLER /15/ zur Beschreibung der Abhängigkeiten zwischen Konstruktion und Arbeitsplanung.

Elementverbindung	Beziehung	Matrizen
Aktivität-Information	- benötigt S[1:?] - erzeugt S[1:?]	Aktivitäten-Informations-Matrix (AIM)
produktdefinierende Information - projektdefinierende Information	- ist_abhaengig_von S[1:?]	Informations-Abhängigkeits- Matrix (IAM)
Methode-Information	- benötigt S[1:?] - erzeugt S[1:?] - stimmt_ab S[1:?]	Methoden-Informations-Matrix (MIM)

Tabelle 9: Relevante Matrizen des Referenzmodells

Planungssysteme, als Hilfmittel planender Aufgaben im Rahmen von Produktentwicklungsprojekten, benötigen gewisse Eingangsinformationen, um entsprechende Informationen zu generieren oder abzustimmen. Insofern ist das Aktivitätsmodell mit dem Informationsmodell zu einer Aktivitäts-Informations-Matrix (AIM) zu verknüpfen. Die AIM repräsentiert die Informationsflüsse zwischen den Aktivitäten im Sinne einer Zuordnung von Eingangs- und Ausgangsinformationen. In die Matrix werden Informationsgruppen/-einheiten in die Spalten und die durchzuführenden Aktivitäten in die Zeilen eingetragenen.

Aufgrund der engen Vernetzung von planenden und konstruktiven Aufgaben im RPD sowie der Anforderung eines integrierten Managements von Planungsinformationen ist ferner eine Matrix aus den produkt- und projektdefinierenden Informationen zu bilden - die Informations-Abhängigkeits-Matrix (IAM). Die einzelnen, in der IAM abzubildenden, Abhängigkeiten sind hierbei fallspezifisch nach der Art des Produkts und des Projekts verschieden. Eine konkrete Beschreibung der Abhängigkeiten kann deshalb ausschließlich für instantiierte Informationen, die ein konkretes technisches System spezifizieren, vorgenommen werden. Ein geeignetes Instrumentarium zur Beschreibung dieser Abhängigkeiten ist deshalb die Verwendung linguistischer Variablen. Mittels dieser Variablen lassen sich lexikalische Unschärfen, wie z.B.: „*Die Abhängigkeit zwischen den beiden Informationsgruppen ist stark*“, beschreiben /182/. Hierbei ist die Anwendung beliebiger Abstufungen prinzipiell möglich. Für diese Arbeit wird jedoch eine Abstufung in drei Ebenen (gering, mittel, hoch) als sinnvoll erachtet.

Die im Methodenmodell beschriebenen Methoden bilden einen Teil vieler Planungssysteme (siehe Kapitel 2). Außerdem liefern Informationen, die von Planungssystemen generiert werden, Input zu planenden Handlungen. Dies macht die Bildung einer Methoden-Informations-Matrix (MIM) notwendig. Insbesondere vor dem Hintergrund der Zielsetzung der Arbeit ist dies wichtig.

Die MIM ist ähnlich wie die AIM aufgebaut. Hier werden dieselben Informationsgruppen/-einheiten wie in der AIM den einzelnen Instanzen im Methodenmodell gegenübergestellt. Analog zur AIM werden die Zeilen in der MIM beschrieben, während die Spalten entsprechend den Klassen im Referenzmodell in informationserzeugende (EM), -bewertende (BM) und -abstimmende (AM) Methoden eingeteilt sind. Die Zuordnung der Informationen als Eingangs- bzw. Ausgangsinformation zu den jeweiligen Methoden erfolgt durch einen entsprechenden Eintrag in den gemeinsamen Feldern der Matrix.

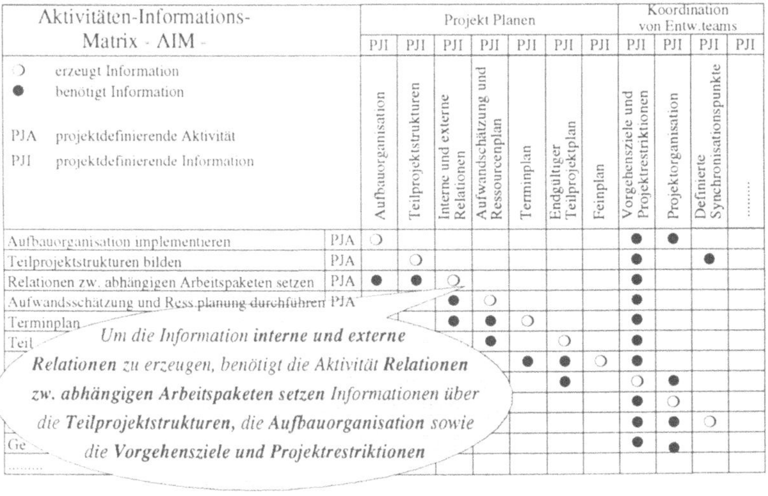

Aktivitäten-Informations-Matrix - AIM -		Projekt Planen							Koordination von Entw.teams			
		PJI	PJI	PJI	PJI	PJI	PJI	PJI	PJI	PJI	PJI	PJI
○ erzeugt Information ● benötigt Information PJA projektdefinierende Aktivität PJI projektdefinierende Information		Aufbauorganisation	Teilprojektstrukturen	Interne und externe Relationen	Aufwandschätzung und Ressourcenplan	Terminplan	Endgültiger Teilprojektplan	Feinplan	Vorgehensziele und Projektrestriktionen	Projektorganisation	Definierte Synchronisationspunkte	....
Aufbauorganisation implementieren	PJA	○							●	●		
Teilprojektstrukturen bilden	PJA		○						●		●	
Relationen zw. abhängigen Arbeitspaketen setzen	PJA	●	●	○					●			
Aufwandsschätzung und Ress.planung durchführen	PJA			●	○				●			
Terminplan[illegible]				●	●	○			●			
Teil[illegible]					●		○		●			
[illegible]						●	●	○	●			
[illegible]							●		○	●		
[illegible]									●	○		
[illegible]									●	●	○	
Ge[illegible]									●	●		
....												

Um die Information ***interne und externe Relationen*** *zu erzeugen, benötigt die Aktivität* ***Relationen zw. abhängigen Arbeitspaketen setzen*** *Informationen über die* ***Teilprojektstrukturen****, die* ***Aufbauorganisation*** *sowie die* ***Vorgehensziele und Projektrestriktionen***

Bild 16: Gestaltung der Matrizen des Referenzmodells

Eine spezielle Darstellung der Abhängigkeiten zwischen produkt- und projektdefinierenden Aktivitäten ist im Sinne der Ableitung von Systemfunktionen nicht notwendig. Vielmehr sind diese Abhängigkeiten von externen Faktoren (siehe hierzu /123/, /143/), die durch ein rechnergestütztes Planungssystem nicht korrigiert werden können, getrieben.

Die Matrizen sind alle gleich aufgebaut und dementsprechend auch zu lesen (siehe Bild 16). In der horizontalen Leiste ist immer das Element *Information* eingetragen. In der vertikalen Leiste die Elemente *Aktivität, Methode* oder *Information.* Zur schnelleren visuellen Erfassung ist jeder Parameter noch anhand der Abkürzung entsprechend dem Referenzmodell gekennzeichnet. Die Verknüpfung zwischen den vertikalen und horizontalen Parametern sind durch grafische Symbole, die in der Matrix oben links erklärt sind, gekennzeichnet. Die Verknüpfung ist bei der Aktivitäten-Informations-Matrix (AIM) und bei der Methoden-Informations-Matrix (MIM) aus Sicht der vertikalen Parameter zu lesen (siehe dazu Lesebeispiel in Bild 16).

Aktivitäten-Informations-Matrix - AIM - ○ erzeugt Information ● benötigt Information PJA projektdefinierende Aktivität PJI projektdefinierende Information		Projekt Planen							Koordination von Entwicklungsteams			
		PJI	PJI	PJI	PJI	PJI	PJI	PJI	PJI	PJI	PJI	PJI
		Aufbauorganisation	Teilprojektstrukturen	Interne und externe Relationen	Aufwandschätzung und Ressourcenplan	Terminplan	Endgültiger Teilprojektplan	Feinplan	Vorgehensziele und Projektrestriktionen	Projektorganisation	Definierte Synchronisationspunkte	Gesamtprojektstruktur
Aufbauorganisation implementieren	PJA	○							●	●		
Teilprojektstrukturen bilden	PJA	●	○						●	●		●
Relationen zw. abhängigen Arbeitspaketen setzen	PJA	●	●	○					●			
Aufwandsschätzung und Ress.planung durchführen	PJA	●	●	●	○	●			●			
Terminplanung durchführen	PJA	●	●	●	●	○			●			
Teilprojektplan verabschieden	PJA	●	●	●	●	●	○		●			
Feinplanung im Team durchführen	PJA	●	●	●	●	●	●	○	●			
Vorgehensziele, Restriktionen Projekt definieren	PJA								○	●		
Projektorganisation definieren	PJA								●	○		
Synchronisationspunkte definieren	PJA		●						●	●	○	
Gesamtprojektstruktur bilden	PJA								●	●		○
....												

Bild 17: Aktivitäten-Informations-Matrix (Ausschnitt)

Aktivitäten-Informations- Matrix

Die starken Verflechtungen zwischen projektdefinierenden Aktivitäten und Informationen werden in der AIM sehr deutlich. Der Grund ist die Vielzahl iterativer und paralleler Prozesse, die an den Eintragungen oberhalb und unterhalb der Matrixdiagonalen erkennbar sind. Das obere Drittel der Matrix verdeutlicht die enge Verbindung zwischen rein planenden und koordinierenden Tätigkeiten. Fast alle Aktivitäten sind von projektspezifischen Zielvorgaben und Restriktionen abhängig. Zur Abstimmung von Teilprojektplänen ist aufgrund der dezentralen Struktur eine große Anzahl von Informationen notwendig.

Gerade bei der Koordination von Teilprojekten sind die Dokumentation und der Austausch von planungsrelevanten Informationen unbedingt nötig. Ferner wird deutlich, daß ein eindeutiger Planungsablauf nicht erkennbar ist. Vielmehr handelt es sich um kurze Iterationszyklen, die dem Charakter von RPD-Entwicklungsprozessen entsprechen.

Informations-Abhängigkeits-Matrix

Wie die Analyse der IAM zeigt, so besteht vor allem bei der Definition und Abstimmung der Synchronisationspunkte, die beispielsweise in Meilensteinen zu operationalisieren sind, eine starke Abhängigkeit zwischen produkt- und projektdefinierenden Informationen. Ähnlich verhält es sich bei der Dokumentation der Vorgehensziele und den projektspezifischen Restriktionen. Bei der Terminplanung zeigt sich, daß diese von den technischen Möglichkeiten im Unternehmen abhängt. So muß zum Beispiel für den Fall, daß zu gewissen technischen Möglichkeiten das Know-How nicht vorliegt, mehr Zeit eingeplant werden, als wenn dies schon einmal erarbeitet worden wäre. Ähnlich verhält es sich mit der Funktionsstruktur, die sich oft direkt auf die Gestaltung des Teilprojekts auswirkt.

Informations-Abhängigkeits-Matrix - IAM -

○ geringe Abhängigkeit
* mittlere Abhängigkeit
● hohe Abhängigkeit

PJI projektdefinierende Information
PDI produktdefinierende Information

		Projekt Planen							Koordination von Entwicklungsteams					
		PJI	PJI	PJI	PJI	PJI	PJI	PJI	PJI	PJI	PJI	PJI	PJI	
		Aufbauorganisation	Teilprojektstrukturen	Interne und externe Relationen	Aufwandschätzung und Ressourcenplan	Terminplan	Endgültiger Teilprojektplan	Feinplan	Vorgehensziele und Projektrestriktionen	Projektorganisation	Definierte Synchronisationspunkte	Struktur Gesamtprojekt	Konsens Rahmenterminpläne	.....
Kunden- und Marktanforderungen	PDI	*	○	○	○	○	○	○	*	○	●	○	*	
Aufgabenstellung	PDI	●	●	○	*	*	○	○	●	*	●	●	●	
Technische Möglichkeiten	PDI	●	*	*	●	●	○	○	●	*	●	*	●	
Systemziele	PDI	*	*	*	●	●	○	○	●	*	●	○	*	
Funktionsstruktur	PDI	*	●	●	*	*	○	○	○	○	*	*	○	
Effektstruktur	PDI	○	○	○	*	○	○	○	○	○	○	○	○	
Wirkprinzip	PDI	○	○	○	○	○	○	○	○	○	○	○	○	
Prinziplösung	PDI	○	○	○	○	○	○	○	○	○	○	○	○	
Baustruktur	PDI	○	○	○	○	○	○	○	○	○	○	○	○	
Konstruktionsräume	PDI	○	○	*	○	○	○	○	○	○	○	○	○	
Module	PDI	○	○	○	○	○	○	○	○	○	○	○	○	
.....														

Bild 18: Informations-Abhängigkeits-Matrix (Ausschnitt)

Eine direkte Abhängigkeit herrscht nur bedingt, wie z.B. bei den technischen Möglichkeiten und den Systemzielen. Ferner besteht eine starke Abhängigkeit der Informationen zur inhaltlichen Dokumentation und Fixierung von Meilensteinen und Arbeitspaketen. Hier werden zu erzielende Ergebnisse, aber auch mögliche Risiken beschrieben, welches die Kenntnis der technischen Möglichkeiten und der Aufgabenstellung voraussetzt. Einen Ausschnitt aus der IAM zeigt Bild 18. Die gesamte Matrix ist in Anhang A dargestellt.

Methoden-Informations-Matrix

Die Analyse der MIM verdeutlicht, daß für die Mehrzahl der Informationen in der Projektplanung die Analyse ähnlicher Systeme Verwendung findet (siehe auch Bild 19). So verhält es sich auch mit der Nutzung von Planungsworkshops, die für die Abstimmung vieler Informationen benötigt werden. Meilensteintechniken dienen auch der Abstimmung planungsrelevanter Informationen und sind somit unverzichtbarer Teil eines Planungssystems. Hier wird die enge Verflechtung von Rahmenterminplänen mit dem gesamten Planungsgeschehen deutlich. Das Management der Planungsdokumentation, so zeigen es die Analysen, ist zur Bestimmung oder Abstimmung von Informationen unbedingt notwendig. Umgekehrt werden bei der Bestimmung des Terminplans fast alle Methoden benötigt, wogegen bei der Verabschiedung von Plänen die Nutzung von informationserzeugenden und -bewertenden Methoden eher beschränkt ist. Für Simulationsmethoden ist charakteristisch, daß sie viele, sehr detaillierte Informationen benötigen. Einen Ausschnitt aus der MIM zeigt Bild 19. Die gesamte Matrix ist in Anhang A dargestellt.

Methoden-Informations-Matrix - MIM -			Projekt Planen							Koordination von Entwicklungsteams					
			PJI	PJI	PJI	PJI	PJI	PJI	PJI	PJI	PJI	PJI	PJI	PJI	...
○ erzeugt Information ● benötigt Information ◆ stimmt Information ab PJI projektdefinierende Information EM Informations-erzeugende Methode BM Informations-bewertende Methode AM Informations-abstimmende Methode			Aufbauorganisation	Teilprojektstrukturen	Interne und externe Relationen	Aufwandschätzung und Ressourcenplan	Terminplan	Endgültiger Teilprojektplan	Feinplan	Vorgehensziele und Projektrestriktionen	Projektorganisation	Definierte Synchronisationspunkte	Struktur Gesamtprojekt	Konsens Rahmenterminpläne	...
Methoden zur Lösungs- und Ideenfindung	Kreativitätstechniken	EM	○	○						●	●	●	○	○	
	Analyse ähnlicher Systeme	EM	○	○	○	○	○			●	○	○	○		
	Simulationsverfahren	EM		●	●	●	○			●		●	●		
	Risikoanalysen	BM			●	●	●	○	○	●		●		○	
	Checklisten	EM		●	○	○				●	●	○			
Methoden zur Ablaufplanung	OR-Verfahren	EM		●	●	●	○		○	●					
	Balkendiagramme	EM		○	●	●	○		○						
	Projektstrukturpläne	EM			○					●					
	Meilensteintechniken	AM		◆			◆	◆	◆	◆		◆	◆	◆	
	Netzplanverfahren	EM	●	●	●	●	○			●		●	●		
	Planungsworkshops	AM	◆	◆		◆		◆	◆	◆	◆		◆	◆	
	.....	..													

Bild 19: Methoden-Informations-Matrix (Ausschnitt)

Generell läßt sich feststellen, daß das Spektrum der benötigten Informationen in der Projektplanung nur durch einen abgestimmten Mix von Einzelmethoden möglich ist. Das heißt, es sind Methoden zur Ablaufplanung und Bewertung, zur Lösungs- und Ideenfindung sowie zur Dokumentation notwendig.

3.4 Ableitung von Systemfunktionen

Anhand der instantiierten Einzelelemente und Partialmodelle des Referenzmodells lassen sich die grundlegenden Funktionalitäten, des zu entwickelnden Systems zur dezentralen Planung von Entwicklungsprojekten im RPD, ableiten.

In Tabelle 10 sind die Funktionen in Systemmodule zusammengefaßt. Sie sind entsprechend den zu unterstützenden planenden Tätigkeiten, des Informationsinputs und -outputs sowie den Einzelfunktionen beschrieben. Fünf Systemelemente können identifiziert werden.

Das Planberechnungsmodul dient zur Bestimmung von Plänen entsprechend den gesetzten Randbedingungen. Diese ergeben sich aus der Ressourcen- und Zeitbeschränktheit sowie projektspezischen Zielvorgaben und Restriktionen. Das zweite identifizierte Modul dient der Bewertung und Auswahl des geeigneten Plans, wobei als Inputinformation die jeweilige Prozeß- und Projektsituation dient.

Die vorausschauende und zielgerichtete Zusammenarbeit der dezentral geplanten Teilprojekte durch die selbstorganisierten Entwicklungsteams unterstützt ein spezielles Koordinationsmodul. Maßgeblichen Input liefern hierbei detaillierte Schnittstelleninformationen, die aktuelle Prozeß- und Projektsituation, die Projektstruktur sowie die spezielle Aufbauorganisation. Als Output dienen Schnittstellendefinitionen, Informationen über identifizierte Zielkonflikte zwischen den Teams sowie abgestimmte Rahmentermin- und Einzelpläne.

Das Modul zum Informationsmanagement hat die Integration und das Management aller planungsrelevanten Informationen zum Ziel. Input bilden zum einen numerische Planungsdaten, wie z.B. eine Vorgangsdauer, zum anderen alphanumerische Daten, wie die Beschreibung möglicher Projektrisiken oder Ergebnisse.

Die Analyse der IAM zeigt aufgrund der engen Verflechtung projekt- und produktdefinierender Informationen die Notwendigkeit eines zentralisierten Informationsspeichers auf. Hier kann bei dessen Gestaltung auf existierende Lösungen zurückgegriffen, weshalb eine ausführliche Erläuterung im Rahmen der Arbeit nicht notwendig ist. Alle anderen dargelegten Funktionen und Module sind Gegenstand der Ausführungen in Kapitel 4.

Aktivitäten aus Referenzmodell	Name Systemmodul	Funktion und Ziel	Benötigte Informationen	Erzeugte Informationen
• Interne Relationen zwischen Vorgängen setzen • Relationen zu externen Vorgängen setzen • Zeitbedarf je Vorgang abschätzen • Ressourcen einplanen und abgleichen • Risiken je Vorgang abschätzen • Mögliche Vorgangsfolgen berechnen	Planberechnung	Berechnung aller wahren Vorgangsfolgen und Rahmenterminpläne entsprechend den gesetzten Randbedingungen (Ressourcen- und Zeitbeschränkungen)	• Dauer Vorgänge • Notwendige Ressourcen pro Vorgang • Mögliche Verknüpfungen zwischen einzuplanenden Entitäten • Archivinformationen • Zielsetzung und Restriktionen Projekt	• Alle wahren Vorgangsfolgen • Früheste Anfangs- und Endzeitpunkte der Einzelvorgänge • Späteste Anfangs- und Endzeitpunkte der Einzelvorgänge
• Pläne bewerten • Planungsszenarien bilden • Bevorzugten Plan auswählen	Planbewertung und -auswahl	Identifikation des am besten geeigneten Plans in den jeweiligen Entwicklungsteams	• Ist-Projektsituation • Ist-Prozeßsituation • Zielsetzung und Restriktionen Projekt	• Kennzahlen • Präferenzreihenfolge • Präferierte Pläne der Entwicklungsteams
• Teilprojekte synchronisieren • Schnittstellen definieren • Konflikte und Inkonsistenzen identifizieren • Rahmenterminpläne erstellen • Teilpläne mit RTP verknüpfen	Koordination	Vorausschauende und zielführende Koordination der dezentral zu planenden Teilprojekte	• Schnittstelleninformationen • Ist-Projektsituation • Ist-Prozeßsituation • Zielsetzung und Restriktionen Projekt	• Schnittstellendefinitionen • Zielkonflikte zwischen Entwicklungsteams • Abgestimmte Einzel- und Rahmenterminpläne
• Berichtswesen aufbauen • Projektspezifische Konventionen festlegen • Einzuplanende Meilensteine und Vorgänge inhaltlich beschreiben • Zielsetzung, Restriktionen Projekt definieren • Ressourceninformationen beschreiben • Schnittstelleninformationen festhalten	Informationsmanagement	Integration und Management aller planungsrelevanten Informationen. Aufbau einer formalen Projektorganisation	• Numerische und alphanumerische Planungsinformationen • Archivinformationen	• Verteilerschlüssel • Verteilerprozeß • Dokumente zur Definition von Schnittstellen • Dokumente zur Definition von Ergebnissen
• Alle Tätigkeiten, die das Speichern und Abrufen von Informationen zum Ziel haben	Informationsspeicher	Datentechnische Integration aller produkt- und projektdefinierenden Informationen	• produkt- und projektdefinierende Informationen	• produkt- und projektdefinierende Informationen

Tabelle 10: Abgeleitete Systemfunktionen

4 Aufbau und Funktion des Systems

In Kapitel 3 konnten anhand des Referenzmodells die maßgeblichen Grundmodule und Funktionalitäten des zu konzipierenden und prototypisch zu implementierenden Systems zur dezentralen Planung von Entwicklungsprojekten im RPD abgeleitet werden. Zur Erfüllung dieser Aufgaben wurde das System TOPP[1] entwickelt, welchem das in diesem Kapitel beschriebene Konzept zugrunde liegt. Den modularen Gesamtaufbau des Systems beschreibt Bild 20.

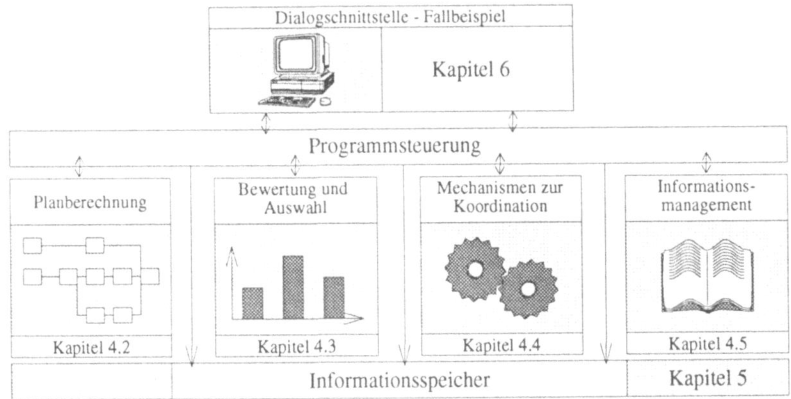

Bild 20: Gesamtaufbau von TOPP

Das Planberechnungsmodul bestimmt alle möglichen Pläne entsprechend den gegebenen Randbedingungen. Eng daran gekoppelt ist das Bewertungs- und Auswahlmodul, das dem Benutzer den für die jeweilige Situation besten Plan auswählt. Das Koordinationsmodul gewährleistet die Konsistenz der dezentral geplanten Teilpläne sowie die Identifizierung von Zielkonflikten. Ein Plan gilt im Rahmen dieser Arbeit für eine Organisationseinheit, die eine spezifische Aufgabe zu erfüllen hat. Deshalb werden die Begriffe Plan und Teilplan synonym verwendet. Die Integration aller planungsrelevanten Informationen erfolgt im Informationsmanagementmodul. Alle genannten Module sind in den nachfolgenden Unterkapiteln beschrieben. Ferner umfaßt TOPP einen Informationsspeicher, eine Dialogschnittstelle und ein Modul zur Systemsteuerung. Das Datenmodell des Informationsspeichers und das Modul zur Systemsteuerung sind in Kapitel 5 erläutert. Die Beschreibung der Dialogschnittstelle erfolgt in Kapitel 6 im Rahmen der Darstellung des Anwendungsbeispiels.

1. TOPP: Team Orientiertes ProjektPlanungssystem

4.1 Planungsansatz

TOPP selbst ist als multiagenten-basiertes Planungssystem konzipiert und besteht aus identischen Planungsagenten. Diese besitzen folglich alle die gleiche Expertise. Jedem eigenverantwortlich planenden Entwicklungsteam ist ein Planungsagent $TOPP_x$ zugeordnet, der aus den bereits erwähnten Modulen Planberechnung, Bewertung und Auswahl, Koordination, Informationsmanagement und Dialogschnittstelle aufgebaut ist. Die Vorteile des multiagenten-basierten Planens für die Anwendung im RPD sind in Kapitel 2.3.1 dargelegt.

Auf Vermittlungs- bzw. Moderationsagenten, die das Zusammenwirken der am Prozeß beteiligten Planungsagenten koordinieren, wird verzichtet. Der Grund liegt in der Tatsache begründet, daß derartige Agenten regelbasiert arbeiten. Regeln, die eine „*Wenn-Dann*"-Kausalität charakterisieren, sind das Ergebnis von Verallgemeinerungen und Abstraktionen der realen Sachverhalte. In komplexen Systemen, wie es die Produktentwicklung darstellt, ist jedoch die Verwendung von Regeln nicht zielführend. Zum einen liegt dies an der Einmaligkeit von Entwicklungsprojekten (R2). Dies schließt Verallgemeinerungen aus. Zum anderen wechseln die Beziehungen zwischen den Systemelementen aufgrund der evolutionären Vorgehensweise im RPD (R3, R12) kontinuierlich. Bei der Verwendung von Regeln ist ferner die Nachvollziehbarkeit und Transparenz von Ergebnissen, z.B. bei der Berechnung einer Vorgangsfolge (A12 und A13), nur noch bedingt gegeben.

Der multiagenten-basierte Planungsansatz löst ein Planungsproblem, indem es in kleinere Teilprobleme zerlegt wird, und stellt somit die generelle Vorgehensweise für TOPP dar. Das Ergebnis sind dezentral erstellte Teilpläne, die es zu koordinieren gilt. Arbeitswissenschaftliche Gesichtspunkte leiten die Konzeption des rechnergestützten Systems zur Erstellung der eigentlichen Teilpläne. Aus ihnen ergeben sich die, in den in Kapitel 2.2.3 abgeleiteten, Anforderungen nach Kompetenzförderlichkeit, Handlungsflexibilität und Aufgabenangemessenheit.

Wesentlicher Ansatz ist die Verwendung von alternativen Modellen, die bei komplexen Aufgaben, wie es die Projektplanung oder Produktgestaltung darstellt, eine wesentliche Unterstützung bieten /135/. Hierbei stellen alternative Pläne unterschiedliche Vorgehensmodelle dar, um ein definiertes Ziel zu erreichen. In der Produktentwicklung spricht man in diesem Zusammenhang von Prototyping. Dieser Ansatz bildet das Grundgerüst zur Konzeption der nachfolgend beschriebenen Vorgehensweise zur Erstellung von Teilplänen. Die Vorteile bei der Nutzung von Modellen in der Projektplanung sind in Bild 21 beschrieben.

Zusätzlich ermöglicht der dargelegte Ansatz aufgrund der Tatsache, mit Modellen ein gemeinsames Handlungsobjekt für kooperierende Entwicklungsteams zu schaffen, eine aktive Unterstützung zur Koordination von Teilplänen. Dies entspricht zudem einer wesentlichen Systemanforderung nach der Eignung für dezentrale Organisationen (A3) sowie der Förderung und Integration informeller Prozesse (A11).

Bild 21: Vorteil bei der Nutzung von Modellen in der Projektplanung

Der Vorgang, wie letztendlich eine Menge konsistenter Teilpläne entsteht und aufrechterhalten wird, ist in den folgenden Abschnitten beschrieben.

4.2 Planberechnung

Die Berechnung der Pläne gliedert sich in zwei Schritte. Zuerst sind die einzuplanenden Vorgänge sowie die zu berücksichtigenden Randbedingungen formal zu repräsentieren. Basierend auf der Repräsentation dieser Informationen, berechnet dann ein zu spezifizierender Algorithmus die Vorgangsfolgen.

4.2.1 Planrepräsentation mit Zeitrelationen

Unter Planrepräsentation wird die formale Darstellung der logischen Zusammenhänge einzuplanender Vorgänge vor und nach dem Planungsvorgang verstanden /138/. Die Aufgabenanalyse (siehe IAM in Kapitel 3) zeigt, daß vor allem die Erfassung zeitlogischer Zusammenhänge von Relevanz ist. Bevor auf die Auswahl einer geeigneten Methode zu deren Repräsentation näher eingegangen wird, ist der Begriff der Zeit zu klären. Zudem ist eine spezielle Anforderungsliste für die Konzeption einer geeigneten Planberechnungsmethode zu erstellen. Anhand derer leitet sich dann die geeignete Repräsentationsform zur Darstellung zeitlogischer Zusammenhänge ab.

4.2.1.1 Zeitbegriff

Nach gewöhnlicher Auffassung ist Zeit ein kontinuierliches Fortschreiten, innerhalb dessen sich Veränderungen des Systems vollziehen. Als Realzeit wird die bestimmbare (meßbare) Zeit oder Dauer, die in der durch die Wahrnehmung gegebenen Aufeinanderfolge von Veränderungen gegeben ist, definiert /93/. Ferner kann Zeit als eine vollständige Ordnung verstanden werden, dargestellt als Uhr oder Kalender. Es existieren verschiedene Möglichkeiten, wie auf die Zeit Bezug genommen werden kann:

- Ein absoluter Bezug über Fixdatum: Der Vorgang wird an ein festes Datum gekoppelt, das in einem gebräuchlichen Bezugssystem (Kalender) definiert ist.
- Ein absoluter Bezug über ein variables Datum: Der Vorgang wird mit einem variablen Datum verbunden, das ebenfalls in einem Kalender definiert ist.
- Relativer Bezug: Der Vorgang kann zu einem Zeitpunkt relativ zu einem Fixdatum oder einem variablen Datum definiert sein.

Die Zeitmessung erfolgt durch Bezifferung der Zeitskala, die grob oder fein gewählt werden kann. Unter der Dauer versteht man die Differenz zwischen zwei festen Zeitpunkten. Die Zeit zwischen zwei Zeitpunkten wird auch als Zeitintervall bezeichnet, wobei dieses eindeutig durch die Angabe der Zeitpunkte oder durch die Angabe der Dauer definiert ist.

4.2.1.2 Spezielle Anforderungen an die Planrepräsentation

Die speziellen Anforderungen leiten sich aus dem in Kapitel 4.1 dargelegten Planungsansatz, den allgemeinen Anforderungen (siehe Kapitel 2.2.3) sowie der Aufgabenanalyse aus Kapitel 3 ab. Sie gliedern sich in drei Teile: aufgabenbezogene, strukturelle und formal-logische Anforderungen.

- Aufgabenbezogene Anforderungen (AA)
  - o Implementierbarkeit[1] der Planungskomponente (AA1)
  - o Darstellbarkeit unterschiedlicher Vorgangstypen, wie Einzelvorgänge oder Meilensteine (AA2)
  - o Berücksichtigung von Ressourcenbeschränkungen (AA3)
  - o Visualisierbarkeit von Vorgangsfolgen als Netzplan oder als Gantt-Diagramm (AA4)
- Strukturelle Anforderungen (STA)
  - o Erzeugung aller konfliktfreien, zeitlich vernetzten Vorgangsfolgen (STA1)
  - o Erkennung von Konflikten, beschränkt auf die Aufdeckung inkonsistenter Relationen zwischen dezentral verantworteten Teilplänen (STA2)
  - o Formulierbarkeit zeitlogischer Abhängigkeiten mit Attributen, wie z.B. teamintern oder -extern (STA3)
  - o Hierarchisierbarkeit von Vorgängen (STA4)
- Formal-logische Anforderungen (FA)
  - o Darstellung zeit-logischer Relationen zwischen Vorgängen (FA1)
  - o Multiple Attributierung von Vorgängen, z.B. Name und verantwortliches Planungsteam (FA2)
  - o Darstellung normierter Vorgangsdauern, z.B. Tage (FA3)
  - o Darstellung von zeitlichen Fixpunkten (FA4)
  - o Darstellung von definierten Zeiträumen (nicht bezugnehmend auf einen zeitlichen Kalender), in denen eine Untermenge von Vorgängen stattfinden darf (FA5)
  - o Berücksichtigung von Puffern[2] (FA6)

4.2.1.3 Darstellung zeitlogischer Abhängigkeiten

In diesem Abschnitt werden Zeitlogik-Modelle als eine Erweiterung von Ansätzen zur allgemeinen Wissensrepräsentation vorgestellt (siehe dazu auch Kapitel 2.2.2). Mit deren Hilfe können zeitliche Abhängigkeiten und Längen (Dauer) von Vorgängen beschrieben werden. Zur informationstechnischen Darstellung der Zeit als Parameter existieren vier unterschiedliche Ansätze.

In der *Prädikatenlogik höherer Ordnung* besitzt das Prädikat zwei Parameter, zum einen das zeitneutrale Element, zum anderen die Zeitdauer, in der es gültig ist. Der Wahrheitsgehalt des Prädikats hängt nicht nur vom zeitneutralen Parame-

---

1. Die Unterstreichung kennzeichnet den Begriff, der die Anforderung in Tabelle 12 symbolisiert.
2. Die Pufferzeit errechnet sich aus der Zeitspanne zwischen frühester und spätester zeitlichen Lage eines Vorgangs

ter sondern auch vom Zeit-Parameter ab. Ersteres gibt an, ob das Prädikat als gültig ausgewertet werden kann, während der Zeit-Parameter die Zeit festlegt, in dem das Prädikat gültig ausgewertet wird /118/.

Anfang der 80er Jahre wurde von ALLEN /3/ das *Allen-Zeitrelationen*-Modell aufgestellt, welches auf Zeitintervallen und deren Abhängigkeiten untereinander basiert. In diesem Zeit-Modell werden die zeitlichen Abhängigkeiten der Vorgänge in ihrer Anwendung definiert. Die Vorgänge werden mit einer Dauer, die ein Zeitintervall repräsentiert, belegt /77/. Dabei gibt es keinen fixen Start- oder Endpunkt des Intervalls, das in bezug zu einem Kalender gesetzt werden kann. Der Vorgang ist innerhalb der Zeitachse frei verschiebbar. Die Zeit wird in Zeitintervalle unterteilt, die beliebig klein sein können und direkt aneinander anschließen. Vorgänge werden auf diese Basisintervalle abgebildet und bekommen als weiteren Parameter den Namen des Basisintervalls zugewiesen. Um zeitliche Zusammenhänge zwischen Vorgängen abbilden zu können, stehen dreizehn Relationen zur Verfügung (siehe Tabelle 11).

Bei der Eingabe der logischen Abhängigkeiten zwischen den Vorgängen durch den Anwender entsteht ein Zeitrelationen-Netzplan oder ein sogenanntes Relationennetz.

Relation	**Graphisches Symbol**	**Graphisches Symbol (invers)**	**Zeitliniendarstellung**
Before (i,j)	<	>	i j
Meets (i,j)	m	mi	j
Overlaps (i,j)	o	oi	j
Starts (i,j)	s	si	j
During (i,j)	d	di	j
Finishes (i,j)	f	fi	j
Equals (i,j)	=	=	j

Tabelle 11: Allen-Zeitrelationen (in Anlehnung an /3/)

Im Unterschied zur Intervalldarstellung, wie sie bei ALLEN verwendet wird, werden in der *Zeitpunkt-Darstellung* die Zeitintervalle als Ableitung *der Allen-Relationen* über ihre Start- und Endzeitpunkte spezifiziert /57/, /108/. Eine Aktion bekommt in diesem Fall nicht den Intervallnamen als Parameter beigefügt, sondern den Namen des Start- und Endpunktes. Die Zeitpunktrelationen können aus den Allen-Relationen hergeleitet werden. Als Planungsmethode wird im Zeitpunkt-Modell u.a. die Constraint Propagation verwendet. Dabei wird in der Planung nur die Zeit als Parameter berücksichtigt, d.h. es wird geprüft, ob die Aktionen in einer zeitlich korrekten Reihenfolge ablaufen.

In der *Chronological-Ignorance*-Darstellung wird das Zeitintervall, welches durch zwei Zeitpunkte aufgespannt wird, über eine Konstante in seiner Länge fest angegeben /147/. Vorgänge werden durch Vorbedingungen dargestellt. Dem Vorgang bzw. den Prädikaten der früheren Vor- und Nachbedingung wird ein Zeitpunkt beigefügt, der noch um einen konstanten Zeitwert korrigiert werden kann. Dieser gibt an, wieviel Zeiteinheiten zur Basiszeit, die in der Vorbedingung definiert wurden, benötigt werden, damit der Vorgang ablaufen kann. Die Zeitskala wird in diesem Modell zeitdiskret angegeben.

4.2.1.4 Auswahl eines geeigneten Zeitlogikmodells

In diesem Abschnitt werden die vorgestellten Zeitmodelle bewertet, woraus die Auswahl des für die Anforderungen am besten geeigneten Zeitmodells resultiert. Unter der Eignung wird die Übereinstimmung des Zeitmodells mit den abgeleiteten Anforderungen verstanden. Tabelle 12 gibt einen zusammenfassenden Überblick über die in Frage kommenden Darstellungsmethoden.

Anforderungen	**Allgemeine**				**Formal-logische**						**Strukturelle**			
Zeitlogikmodell	Implementierbarkeit (AA1)	Darstellbarkeit (AA2)	Ressourcenbeschränkung (AA3)	Visualisierbarkeit (AA4)	Zeit-logische Relationen (FA1)	Flexible Attributierung (FA2)	Normierte Vorgangsdauern (FA3)	Fixpunkte (FA4)	Definierte Zeiträume (FA5)	Puffer (FA6)	Konfliktfreiheit (STA1)	Konflikterkennung (STA2)	Abhängigkeiten (STA3)	Hierarchien (STA)4
Prädikate	●	❍	●	✳	❍	●	❍	❍	✳	❍	❍	❍	❍	❍
Allen-Zeitrelationen	✳	●	●	●	●	●	●	❍	●	❍	✳	●	●	●
Zeitpunkte	●	●	✳	✳	●	●	●	●	●	●	●	●	✳	●
Chronological Ignorance	✳	●	●	●	❍	●	●	❍	●	❍	✳	✳	✳	✳
	erfüllt ●					teilweise erfüllt ✳					nicht erfüllt ❍			

Tabelle 12: Bewertung von Zeitlogikmodellen

Prädikatenlogiken höherer Ordnung sind als Darstellungsform nicht geeignet. So ist die Abbildung von Zeitrelationen nur durch eine umfangreiche Prädikatenmenge möglich. Ferner kann nur eine Lösung generiert werden (STA1). Die Spezifikation von Vorgangsdauern, die Berücksichtigung zeitlicher Fixpunkte sowie die Berechnung von Pufferzeiten gestalten sich sehr aufwendig.

Das Chronological-Ignorance-Modell ist wegen der unzureichenden Darstellungsform, die keine Repräsentation zeitlicher Abhängigkeiten ermöglicht, ungeeignet.

Das Allen-Zeitrelationen-Modell besitzt aufgrund der 13 zur Verfügung stehenden Zeitrelationen zur Darstellung zeitlicher Abhängigkeiten die am besten geeignete Darstellungsform. Der dazu notwendige Planungsalgorithmus erfüllt jedoch nicht alle Anforderungen. Hier ist nur die Berechnung von einer Vorgangsfolge in eine zu definierende Zielsituation möglich, während in den Anforderungen das Finden aller wahren Lösungen gefordert wird (STA1).

Ressourcenbeschränkungen können in allen Modellen insoweit spezifiziert werden, daß eine definierte Ressource einem Vorgang zugeordnet werden kann. Es ist jedoch nicht möglich, gleiche Ressourcen wie z.B. „zwei FEM-Spezialisten" einen Vorgang zuzuordnen. Dies fällt insofern nicht ins Gewicht, als durch die Dezentralität der Planung keine Anonymisierung bzw. Generalisierung notwendig ist. Somit ist jede Ressource durch den Planer unterscheidbar.

Das Zeitpunkt-Modell besitzt gegenüber dem Allen-Zeitrelationen-Modell zwei Vorteile. Es ist möglich, auf einen abstrakten Kalender Bezug zu nehmen, d.h. es können zeitliche Fixpunkte dargestellt werden. Dies ist zur Definition von Meilensteinen notwendig. Zudem können im Zeitpunkt-Modell Puffer dargestellt werden (FA6). Ansonsten sind die beiden Modelle ähnlich gut geeignet. Aus diesen Gründen wird das Zeitpunkt-Modell als das am besten geeignete Zeit-Modell angesehen. Der Nachteil des Zeitpunkt-Modells gegenüber dem Allen-Zeitrelationen-Modell, zeitlogische Abhängigkeiten nicht optimal abzubilden, kann durch einen Transformationsalgorithmus, der eine Zeitpunkt- in eine Zeitrelationen-Darstellung überführt, gelöst werden.

4.2.2 Berechnung von Plänen

Dieses Kapitel beschreibt die Entwicklung eines Planungsagenten als Teil des angesprochenen multiagenten-basierten Planungssystems für dezentrale Entwicklungsstrukturen. Das Konzept beruht auf dem Zeitpunkt-Modell zur Darstellung zeitlogischer Abhängigkeiten, unter Berücksichtigung der in Kapitel 2 formulierten Anforderungen an das zu entwickelnde System.

Ausgangspunkt der Planerzeugung ist das Vorhandensein eines Relationennetzes, bestehend aus einzuplanenden Vorgängen und Relationen. Diese stellen die zeitlogischen Abhängigkeiten zwischen den Vorgängen mit Hilfe von Allen-Zeitrelationen dar. Zur erhöhten Ausdrucksfähigkeit des Plans können während des

Aufbaus des Relationennetzes auch disjunktive Zeitrelationen verwendet werden. Zwischen disjunktiv abhängigen Vorgängen sind mehrere Zeitrelationen erlaubt. Sie bilden damit eine typische ODER-Verknüpfung. Der Benutzer hat so die Möglichkeit, keine, eine oder mehrere Relationen zwischen Vorgänge zu setzen. Die Planausdrucksfähigkeit wird somit signifikant erhöht (A4). Neben den bereits in Tabelle 11 dargestellten eindeutigen Zeitrelationen zeigt Tabelle 13 mögliche disjunktive Zeitrelationenpaare, die beim Aufbau eines Relationennetzes Verwendung finden können.

Zeitrelationenpaare	**Bedeutung**
before (i, j) oder after (i, j)	Die Vorgänge i, j dürfen nicht gleichzeitig ablaufen
meets (i, j) oder overlaps (i, j)	Vorgang i soll vor Vorgang j anfangen
meets (i,j) oder before (i,j)	Vorgang i soll vor Vorgang j abgeschlossen
during (i, j) oder before (i, j) oder after (i, j)	Die Vorgänge i, j dürfen sich nicht überlappen

Tabelle 13: Mögliche disjunktive Zeitrelationenpaare

In Bild 22 sind die Einzelschritte zur Planberechnung, auf die in den nachstehenden Abschnitten näher eingegangen wird, beschrieben.

Transformation Allen-Zeitrelationen-Darstellung in Zeitpunkt-Darstellung

Aus dem Relationennetz heraus wird für jeden der einzuplanenden Vorgänge ein Eintrag in einer Zuordnungstabelle erstellt. Diese ordnet dem Vorgangsnamen seinen Start- und Endpunktnamen sowie seine Dauer in der Zeitpunkt-Darstellung zu. Bei der späteren Rücktransformation kann mit Hilfe dieser Tabelle festgestellt werden, welche zwei Zeitpunktnamen zu einem Vorgang in der Allen-Zeitrelationen-Darstellung gehören. Als zweites wird für jeden Vorgang die Liste der zeitlichen Abhängigkeiten zu anderen Vorgängen durchgegangen. Mit Hilfe des Ansatzes von NEBEL /108/ können dann die Allen-Zeitrelationen in Zeitpunkt-Relationen, die zwischen den Start- und Endzeitpunkten des Zeitintervalls liegen, transformiert werden. Aus einer Allen-Relation erzeugt der Algorithmus ein Quadrupel, das die allgemeinen Zeitpunkt-Relationen enthält, die für die Allen-Relationen immer erfüllt sein müssen. Ferner werden beliebig viele Quadrupel erzeugt, in denen jeweils zwei Elemente gesetzt sind, die die Disjunktionen beinhalten.

Das Quadrupel wird direkt in einen Zeitgraphen überführt. Es besitzt als Knoten die Zeitpunkte und deren Teamzugehörigkeit sowie die Zeitpunktrelationen als Kanten. Die Disjunktionenmenge ist als einfach verkettete Liste repräsentiert. Jedes Element dieser Liste enthält zwei Zeitpunkt-Relationen, die Teamzugehörigkeit des Zeitpunkts sowie einen Zustandsparameter.

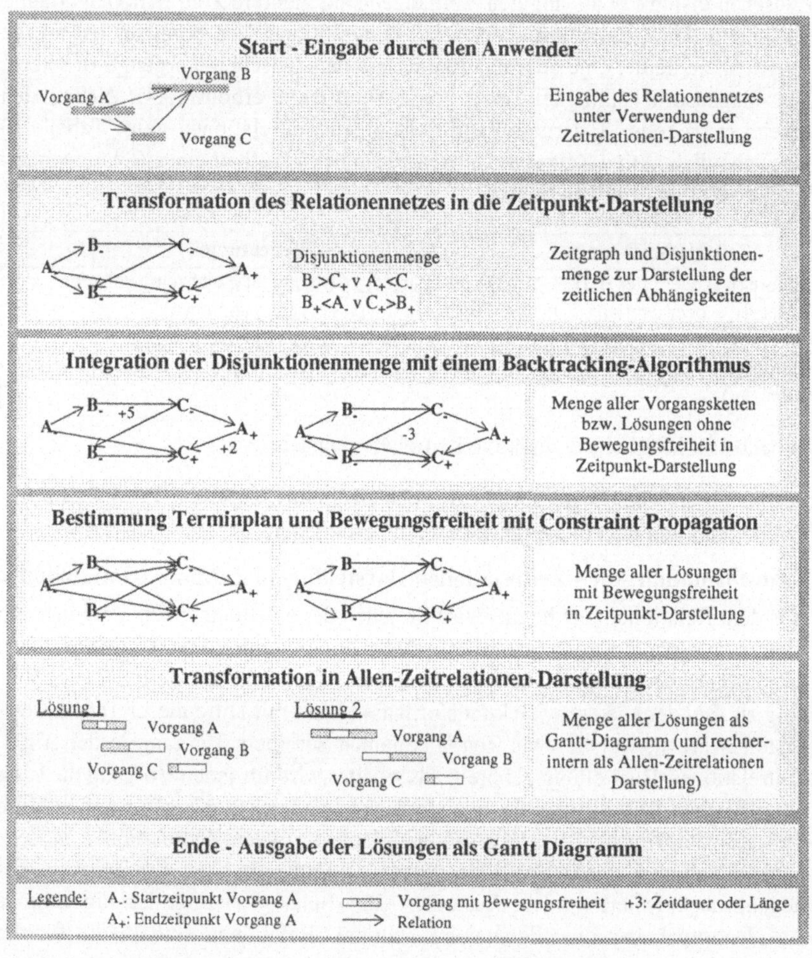

Bild 22: Ablaufschritte der Algorithmen bei der Planberechnung

Integration der Disjunktionenmenge

Zur Integration der Disjunktionenmenge in den Zeitgraphen überprüft ein Backtracking-Algorithmus, ob für alle einzelnen Zeitpunkt-Relationen der Disjunktionenmenge D, wenn sie zu dem Zeitgraph hinzugefügt wird, ein Zyklus und damit Inkonsistenz entsteht oder nicht. Als Ausgabe wird *Zyklus gefunden* oder *Zyklus nicht gefunden* gemeldet.

Es wird keine Kopie des Zeitgraphen angelegt, da Zeitgraphen sehr schnell mächtig werden und dadurch lange Rechen- bzw. Zugriffszeiten entstehen würden.

Um Konflikte zwischen Teilplänen der Teams zu erkennen (STA2), bedarf es nicht nur der Erkennung von Zyklen innerhalb eines Plans, sondern es müssen auch Zyklen über die Teamgrenzen hinweg identifizierbar sein. Ein teamübergreifender Zyklus kann nur vorliegen, wenn vom Startpunkt ausgehend mindestens zwei Pfade gefunden werden, die Abhängigkeiten zu anderen Teams besitzen. Eine teamübergreifende Zeitpunkt-Relation besteht aus einem Zeitpunkt, der zum eigenen Team gehört, und einem Zeitpunkt, der zu einem fremden Team gehört. Da über die restlichen Zeitpunkt-Relationen des fremden Teams kein Wissen existiert, kann der Pfad nicht weiter verfolgt werden. Vielmehr kann diese Relation zu einem anderen Team als Randbedingung in die Berechnung einfließen, z.B. als zeitlicher Fixpunkt. Zudem besteht die Möglichkeit, diese Randbedingung zu identifizieren und zu speichern. Während des eigentlichen Planungsvorgangs wird sie jedoch nicht berücksichtigt.

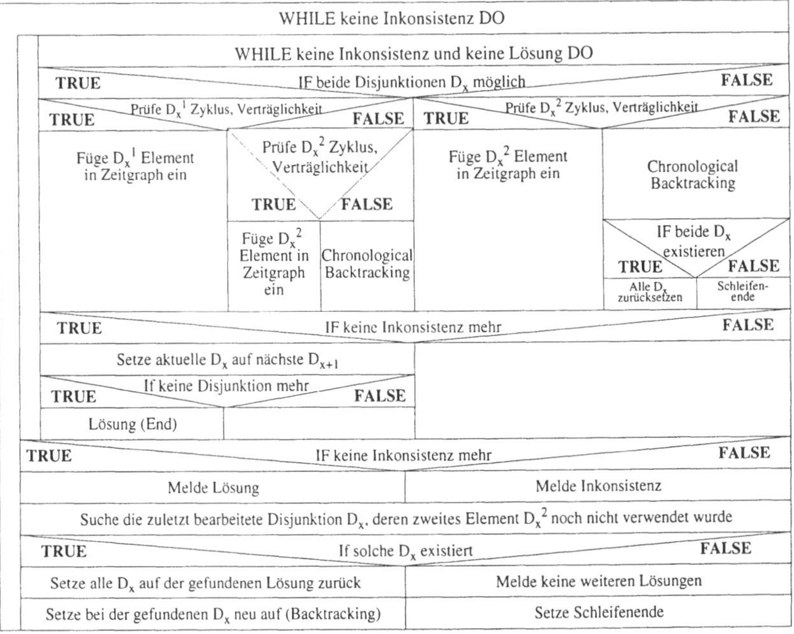

Bild 23: Struktogramm des modifizierten Backtracking-Algorithmus

Aufgrund der Anforderung, daß alle Lösungen des Ereignisraumes benötigt werden, um die bereits angesprochene modellbasierte Planung umzusetzen, besteht Modifizierungsbedarf des klassischen Backtracking-Algorithmus. Dieser erzeugt üblicherweise nur eine Lösung und nicht alle wahren Lösungen, wie gefordert (STA1).

Um dieses Problem zu lösen, sind zwei Erweiterungen vorzunehmen. So wird der normalerweise übliche Präprozessor zur Reduzierung der Disjunktionenmenge D ganz entfernt. Weiterhin ist eine zusätzliche Backtrackingstufe einzuführen, die nach Findung einer Lösung nach anderen Lösungen sucht. Dies ist über eine zusätzliche Arbeitsschleife realisiert. Nach einmaligem Durchlauf des Algorithmus, wie er als Struktogramm in Bild 23 dargestellt ist, kann nun anhand des Ergebnisses eine geänderte Initialisierung vorgenommen und der Algorithmus wieder aufgerufen werden. Dieser Vorgang ist solange zu wiederholen, bis der Algorithmus Inkonsistenz meldet. Die einzelnen Zwischenergebnisse werden als Lösungen gespeichert. Die Anzahl der möglichen Lösungen steigt hierbei mit n! entsprechend der Anzahl der disjunktiven Relationen n.

Bestimmung Terminplan und Bewegungsfreiheit

Ziel ist es nun, die in der vorherigen Stufe berechnete Menge an Zeitgraphen in einen Terminplan mit Bewegungsfreiheiten umzuwandeln. Unter der Bewegungsfreiheit wird in diesem Fall der Sachverhalt verstanden, daß ein Vorgang sich in einem gewissen Zeitintervall bewegen kann, das größer ist als die Dauer des Vorgangs. Die Bewegungsfreiheit ist die Voraussetzung für die graphische Visualisierung von Puffern in einem Balkendiagramm.

Zur Bestimmung der Bewegungsfreiheit erfolgt eine Untersuchung der einzelnen Pläne in bezug auf Inkonsistenzen, die sich durch die Dauer der Vorgänge ergeben. Jede Zeitpunkt-Relation wird dazu um die Dauer ihrer beteiligten Vorgänge, die über eine Grundrelationentabelle referenziert werden können, erweitert bzw. geändert. Dieser Zwischenschritt wurde vorgenommen, um die Anzahl der möglichen zeitlichen Randbedingungen zu reduzieren und so die Rechenzeit zu verkürzen. Die Grundrelationentabelle, die auf die speziellen Bedürfnisse der nachfolgenden Constraint Propagation angepaßt wurde, ist in Anhang B ersichtlich.

Die Constraint Propagation berechnet auf Basis der zuvor berechneten Vorgangsketten (ein gerichteter Graphen) alle gültigen Lösungen. Die Constraints ergeben sich aus den zeitlichen Beziehungen zwischen den Vorgängen, den Zeitdauern und den jeweiligen Verantwortlichkeiten. Eine Constraint Propagation ist in diesem Zusammenhang zielführend, da es sich um gleichartige Randbedingungen (Constraints) handelt, die es zu erfüllen gilt /68/.

Rücktransformation in Allen-Zeit-Relationen

Bei der Datenrückkonvertierung von der Zeitpunkt-Darstellung in eine Intervalldarstellung nach Allen wird jeder Plan einzeln konvertiert. Dabei werden alle Zeitpunkt-Relationen der einzelnen Disjunktionen, die aus den gleichen Zeitpunkten bestehen und in dem Plan Verwendung finden, mit der Zeitpunkt-Relation des Zeitgraphen, der zwischen denselben Zeitpunkten besteht, verglichen. Anhand eines Vergleichs mit der Konversionstabelle, wie sie in Anhang B dargestellt ist, kann die ursprüngliche Zeitrelation eindeutig hergestellt werden.

Nach Durchlaufen des Planungsalgorithmus liegt nun eine endliche Menge möglicher Lösungen vor. Aufgrund der meist komplexen Zusammenhänge zwischen den verplanten Vorgängen gilt es deshalb, eine Unterstützung bei der Auswahl des am besten geeigneten Plans zu geben.

4.3 Bewertung und Auswahl von Plänen

Das Optimieren im engeren Sinne ist das Ermitteln des größten Werts, der von der Zielvariablen abhängigen Zielfunktion. Dem gegenüber steht die Systembewertung, die den subjektiven Wert oder die subjektive Vorzugswürdigkeit des Nutzens der einzelnen vorliegenden Alternativen bewertet. Im Zuge der nachfolgenden Auswahlentscheidung ist dann aus den zulässigen Lösungen die subjektiv beste Lösung auszuwählen /117/.

Für das gegebene System ist eine Optimierung nicht angebracht, da es nicht möglich ist, das Gesamtsystem (siehe dazu Kapitel 3.2.1) exakt zu beschreiben. Somit kann die Optimallösung nicht bestimmt werden. Ferner können wesentliche Variablen quantitativ nicht exakt erfaßt werden. Deshalb wird zur Bestimmung eines geeigneten Plans eine Bewertung anhand systemrelevanter Parameter, wie beispielsweise der Durchlaufzeit, vorgenommen.

4.3.1 Planbewertung mit Kennzahlen

Die nachfolgend beschriebene Methode teilt sich in zwei Schritte: Die Bewertung der generierten Pläne sowie eine anschließende Auswahlprozedur. Dabei findet eine Bewertung der Lösungen sowohl bei einer Neuplanung als auch bei einer Planänderung statt. Zur Bewertung der Abläufe werden Kennzahlen herangezogen. Sie sind geeignet, komplexe Sachverhalte in komprimierter Form darzustellen /136/. Damit unterstützen Kennzahlen den Planer bei der Bewertung von Ablaufalternativen. Die zu ermittelnden Kennzahlen repräsentieren die Ausprägungen verschiedener Merkmale von Entwicklungsabläufen, die für deren Qualität entscheidend sind.

Alle durchzuführenden Kennzahlenbildungen basieren auf einem einheitlichen Vorgehenskonzept. Ausgehend von den in bezug auf die Planung wichtigen Aspekten der Produktentwicklung, werden Bewertungskriterien und die entsprechenden Bewertungsziele definiert. Das jeweilige Ziel determiniert die Bestimmungsgrößen, welche die Gestalt der zu entwickelnden Kennzahlen festlegen. Dieses Ziel ist nicht zu verwechseln mit dem zu quantifizierenden Ziel während einer Optimierung. Über die Bestimmungsgrößen sind die einzelnen Kenngrößen berechenbar. Auf Grundlage der Kenngrößen lassen sich, unter Anwendung einfacher mathematischer Operationen, die Kennzahlen bilden. Das Kennzahlensystem wurde dahingehend ausgerichtet, daß es sowohl dem Entwicklungstyp der Aufgabe, als auch dem jeweiligen Prozeß- und Projektstand gerecht werden kann (A8). Das Kennzahlensystem sowie die darauf aufbauenden Planungsszenarien bilden das steuernde Element bei der Planbestimmung.

Alle Kennzahlen, wie sie auch in Bild 24 dargestellt sind, haben den gleichen Wertebereich und nehmen Werte zwischen Null und Eins an. Null stellt immer das schlechteste und Eins das beste Ergebnis dar. Somit ist eine hohe Benutzerfreundlichkeit gewährleistet. Der Planer weiß sofort: je höher die Kennzahl, desto besser. Er muß sich nicht für jede Kennzahl auf andere Maßeinheiten einstellen.

Bild 24: Situations- und strukturvariable Bewertung und Auswahl von Plänen

Die *Prozeßdauer*, die K1 darstellt, ist ein wichtiger Faktor zur Bewertung der Durchlaufzeit. Er beurteilt die Ausschöpfung des durch die Abläufe gegebenen Parallelisierungspotentials. Die Kennzahl kann sich je nach Ausprägung zwei

Extremen nähern, der vollständig sequentiellen Bearbeitung der Aufgaben (TZ_s) oder der Parallelisierung aller Aufgaben (TZ_p). Ziel ist es, eine Aussage über die reine Gesamtdauer des Prozesses zu gewinnen. Darüber hinaus sollen Aussagen über das durchlaufzeitverkürzende Potential von Abläufen durch die weitere Parallelisierung einzelner Vorgänge möglich sein (vgl. /136/). Aus diesem Ziel erklärt sich die Forderung, die Dauer kritischer Vorgänge zu betrachten. Nur deren Summe bestimmt die Gesamtdurchlaufzeit des Prozesses. Verkürzungen sind in dem Maße zu realisieren, wie es gelingt, die Vorgänge zu parallelisieren. Das Maximum der jeweiligen Durchlaufzeit stellt hier eine untere Schranke dar.

Mit K2 wird die *Prozeßkoordination* zur quantitativen Erfassung des Koordinationsaufwands für gleichzeitig ablaufende, abhängige Vorgänge ermittelt. Sie berechnet sich aus der Aufsummierung des durchschnittlichen Zeitanteils der Dauer eines Vorgangs, in dem kein anderer abhängiger Vorgang stattfindet. Der Einsatz von K2 ist deshalb notwendig, weil abhängige, parallele Vorgänge der Koordination bedürfen bzw. die Komplexität des Prozesses erhöhen. Dies kann nicht allein durch den Einsatz rechnergestützter Systeme kompensiert werden. Aus Sicht der Prozeßkoordination ist deshalb eine spezielle Erfassung kritischer Vorgänge nicht notwendig. Das Ziel des Planers ist es, die Pläne auszuwählen, die einen möglichst geringen Überlappungsgrad abhängiger Vorgänge aufweisen, um so den nicht wertschöpfenden Koordinationsaufwand zu vermeiden.

Entwicklungsabläufe, die sich durch hohe Arbeitsteiligkeit auszeichnen, sind von einer hohen Komplexität geprägt /101/. Die zur Erfüllung der Entwicklungsaufgabe notwendigen Vorgänge müssen durch Entscheidungen bzgl. ihres Ablaufs und bzgl. der Änderung von Vorgängen sowie der damit verbundenen Plananpassung koordiniert werden. Diesen Zusammenhang drückt die Kennzahl K3 *Prozeßverflechtung* aus. K3 berechnet sich aus der relativen Anzahl von Vorrangbeziehungen, d.h. von den Beziehungen zweier oder mehrerer Vorgänge, die voneinander in Form von Ergebnisbeziehungen abhängig sind. Im Sinne der Prozeßverflechtung ist somit eine sequentielle Anordnungsstruktur günstiger als eine parallele Struktur. Die Kennzahl K3 ist in der Literatur in ähnlicher Form auch als Vorrangstrenge /56/ oder Prozeßkoordinationsgrad /136/ bekannt.

Im Hinblick auf die Erhöhung der Prozeßsicherheit sind risikoreiche Vorgänge möglichst frühzeitig im Produktentwicklungsprozeß zu verankern /94/. Die Kennzahl K4 *Prozeßrisiko* quantifiziert diesen Sachverhalt. Sie ergibt sich aus der Summe der gewichteten Anzahl risikobehafteter Vorgänge. Der Risikogewichtungsfaktor unterscheidet Vorgänge mit hohem, mittlerem und geringem Risiko. Er wird durch den verantwortlichen Planer eingegeben. Die Unterscheidung in Vorgänge mit unterschiedlichem Risiko ist auch für die Neuentwicklungen gerechtfertigt. Zwar ist der relative Anteil risikoreicher Vorgänge im

Vergleich mit Anpassungs- oder Weiterentwicklungen höher, jedoch existieren durchaus Vorgänge, die schon vielfach erprobt und somit mit einem geringeren Risiko behaftet sind. Umgekehrt sind risikoreiche Vorgänge möglichst frühzeitig einzuplanen, damit genügend Freiraum zur Verfügung steht, zusätzliche Iterationen durchzuführen.

Name	Bewertungsziel/ Bewertungsaussage	Kennzahlenbildung	Wertebereich	Optimum
Prozeßdauer	Ausschöpfung des Parallelisierungspotentials der Abläufe	$K1 = \frac{TZs - TZ}{TZs - TZp}$	$0 \leq K1 \leq 1$	$K1 \rightarrow 1$
Prozeßkoordination	Koordinationsaufwand für gleichzeitig ablaufende, abhängige Vorgänge	$K2 = \frac{1}{N} \cdot \sum_{k=1}^{N} \frac{Ts(k)}{D(k)}$	$0 \leq K2 \leq 1$	$K2 \rightarrow 1$
Prozeßverflechtung	Interdependenzen von Vorgängen als Maß für Koordinationsprobleme und Entscheidungsaufwand	$K3 = 1 - \frac{\sum_{k=1}^{N} R(k)}{N \cdot (N-1)}$	$0 \leq K3 \leq 1$	$K3 \rightarrow 1$
Prozeßrisiko	Zeitpunkt der Abarbeitung risikoreicher Vorgänge als Maß für die Prozeßsicherheit	$K4 = \frac{1}{\lvert V1 \rvert} \cdot \sum_{k \in V1} \left(\left(\frac{TZ - FEZ(k)}{TZ - D(k)} \right) \cdot g(k) \right)$	$0 \leq K4 \leq 1$	$K4 \rightarrow 1$
Prozeßlogik	Übereinstimmungsgrad zwischen informations- und ablauflogischer Reihenfolge der Prozesse	$K5 = \frac{1}{\lvert V2 \rvert} \cdot \sum_{k \in V2} \frac{Tv - Te}{Tv - Tp}$	$0 \leq K5 \leq 1$	$K5 \rightarrow 1$
Ressourcenauslastung	Zeitlich gleichmäßige Verteilung des Ressourceneinsatzes für die Dauer des bestehenden Prozesses	$K6 = \frac{1}{\lvert V3 \rvert} \cdot \sum_{k \in V3} \frac{\overline{T}(k)}{T(k)}$	$0 \leq K6 \leq 1$	$K6 \rightarrow 1$
Planungsspielraum	Durchschnittliche Pufferzeit, bei der Vorgänge ohne Konsequenzen verlängert oder verschoben werden können	$\left(K7 = \frac{1}{\lvert V4 \rvert} \cdot \sum_{k \in V4} \frac{P(k)}{D(k)} \right)$	$0 \leq K7 \leq 1$	$K7 \rightarrow 1$

D:	Dauer einer Aktion	T	Reale Beanspruchungszeit der Ressource
TZ	Durchlaufzeit	$\overline{T}$:	Minimale Beanspruchungszeit der Ressource
TZ_p	Durchlaufzeit bei paralleler Anordnung	T_e:	Zeitpunkt der Verwendung des Zwischenergebnisses
TZ_s	Durchlaufzeit bei sequentieller Anordnung	T_s	Dauer von k, in der keine abhängigen Aktionen stattfinden
FEZ:	Frühester Endzeitpunkt der Aktion	T_p	Zeitpunkt der Bereitstellung eines Zwischenergebnisses
g:	Risikogewichtung	T_v:	Zeitpunkt, ab dem das Zwischenergeb.nutzlos wird
max	maximaler Wert, den K7 für eine Alternative annimmt	V1	Menge der zeitriskanten Aktionen
N	Anzahl der Aktionen k	V2	Menge der Informationsbeziehungen
P:	Pufferzeit	V3:	Menge der Ressourcen
R:	Anzahl der zeitabhängigen Variablen	V4:	Menge der Aktionen mit Pufferzeit

Tabelle 14: Kennzahlensystem zur Bewertung von Entwicklungsabläufen

Das Bewertungsziel der Kennzahl K5 *Prozeßlogik* besteht in der Bildung eines Quotienten für den Grad der Übereinstimmung zwischen der Reihenfolge der Vorgänge und den Zeitpunkten der dabei erzeugten Informationen mit dem Zeitpunkt von deren Nutzung. Die Kennzahl ergibt sich aus der Verknüpfung der

Zeitpunkte, an denen Informationen erzeugt und benötigt werden. Ablauflogisch zu spät genutzte Informationen wirken sich somit negativ auf die Kennzahl aus. Eine vergleichbare Kennzahl verwendet SARETZ /136/ für die Prozeßparallelisierung.

So verlieren Zwischenergebnisse an Aktualität, wenn die Zeitpunkte zwischen Festschreibung und Nutzung nicht aufeinander folgen. Für die Bildung von K5 werden deshalb die Zeitpunkte, ab denen ein Zwischenergebnis nutzlos wird, mit denen der Bereitstellung bzw. Verwendung eines Zwischenergebnisses in Relation gesetzt. Aus diesen Betrachtungen läßt sich ableiten, daß aussagekräftige Analysen und Bewertungen nur dann sinnvoll durchgeführt werden können, wenn die Abläufe in einem ausreichenden Detaillierungsgrad modelliert sind. Jeder abgebildete Vorgang sollte im Sinne einer aussagekräftigen Kennzahlenberechnung eine Information erzeugen und benötigen. Infolgedessen wird die Kennzahl K5 dem Planer für die Analyse und Bewertung nur optional angeboten.

Mittels der Kennzahl K6 *Ressourcenauslastung* ist die Quantifizierung der Zeiträume, in denen eine Ressource (Mitarbeiter oder Sachressource) keinem Vorgang zugeordnet ist, möglich. Ziel ist es, Ressourcen, die dem Planer oder Projektteam zur Verfügung stehen, möglichst gleichmäßig über den betrachteten Prozeßzeitraum zu verteilen. Hintergrund dieser Überlegungen ist die Annahme, daß Neuentwicklungen komplexer Produkte zunehmend in reinen Projektorganisationen abgewickelt werden /174/. Kennzeichnend ist, daß die dem Projekt zugeordneten Ressourcen für die gesamte Laufzeit des Projekts zur Verfügung stehen. Aus der Relation der Gesamtzeit in der eine verplante Ressource beansprucht wird und der Zeit, die die Ressource für ihre Aufgaben insgesamt eingesetzt wird, berechnet sich die Kennzahl K6.

Die Kennzahl K7 *Planungsspielraum* bestimmt die durchschnittliche Pufferzeit, d.h. je höher der Kennzahlenwert ist, desto mehr Pufferzeit steht der Gesamtvorgangsfolge zur Verfügung. Dabei wird die Pufferzeit als Anteil der Vorgangsdauer gemessen, wodurch Werte über Eins erreicht werden können. Ziel dieser Kennzahl ist es, dem Planer die Möglichkeit zu geben, Aussagen über den Planungsspielraum, den ein Plan aufweist, zu machen.

Die Beurteilung der Kennzahlen mittels den Eingangsgrößen ergibt sich aus den Größen, die der Algorithmus zur Berechnung der einzelnen Terminpläne liefert, sowie aus Größen, die durch den Algorithmus nicht beeinflußt werden. Mit Ausnahme der Anzahl der Vorgänge (N), der Risikogewichtung (g) und der Dauer (D) eines Vorgangs müssen alle Größen zunächst berechnet werden.

Durch die Bewertung der Lösungen anhand der sieben unterschiedlichen Kennzahlen eröffnet sich dem Planer die Möglichkeit einer situativen Auswahl. Dies entspricht der Charakteristik von Entwicklungsprojekten mit einem RPD-Ansatz.

4.3.2 Planauswahl

Dieses Unterkapitel umfaßt im ersten Teil die Herleitung eines geeigneten entscheidungstheoretischen Ansatzes zur Auswahl der anhand mehrerer Kriterien bewerteten Pläne. Danach dokumentiert es das operationalisierte Auswahlkonzept. Hierzu existieren zwei unterschiedliche Ansätze zur Lösung von Auswahlproblemen bei mehreren vorhandenen Kriterien /181/.

Beim *Multi-Attribut-Decision-Making* (MADM) ist die Menge der zur Verfügung stehenden Alternativen diskret, d.h. endlich und begrenzt. Es existieren n Alternativen $A_1,..,A_n$ und m Attribute $P_1,..,P_m$. Jede Alternative A_i besitzt eine Ausprägung $a_{i,j}$ bezüglich des Attributs P_j. Ziel ist es nun, den Ausprägungen Nutzenwerte zuzuordnen, anhand derer die Alternativen beurteilt werden können. Für die Bestimmung der Nutzenwerte können die Eigenschaften des Skalentyps (Nominal-, Kardinal- oder Ordinalskala) der Ausprägungen ausgenutzt werden. Anschließend sind für jede Alternative A_i die Nutzenwerte bezüglich der einzelnen Attribute zu einem Gesamtnutzenwert N_i zusammengefaßt.

Beim *Multi-Objective-Decision-Making* (MODM) Verfahren ist die Menge aller Alternativen nicht explizit vorbestimmt und somit unendlich groß. Als zulässig gelten alle die Alternativen, welche gewisse definierte Nebenbedingungen erfüllen. Die Ziele sind ausdrücklich durch eindeutige, quantifizierbare Zielfunktionen $g_1,..,g_n$ mit reellen Zielfunktionswerten gegeben. Sie alle sollen gleichzeitig über der Menge der Alternativen maximiert werden. Außerdem existieren ähnliche Lösungsmethoden, die jedoch alle zwischen den dargelegten Polen eingeordnet werden können.

4.3.2.1 Herleitung und Auswahl des entscheidungstheoretischen Ansatzes

Zunächst ist festzustellen, daß eine endliche Menge an Alternativen, die durch den Algorithmus berechnet und mit den sieben Kennzahlen bewertet wird, existiert. Somit liegt ein klassisches MADM-Problem vor. Es kann auch auf das MODM-Verfahren zurückgegriffen werden. Aufgrund der bereits dargelegten Problematik bei der objektiven Quantifizierung von Zielen wird hiervon jedoch Abstand genommen.

Datenqualität

Die Analyse der Datenqualität zeigt, daß die Kennzahlen (K1-K7) in keiner kardinalen Qualität vorliegen. Zwar befinden sich alle Kennzahlen im gleichen Intervall und haben die gleiche Einheit, d.h. sie können theoretisch problemlos addiert oder multipliziert werden. Trotzdem wird von solchen Operationen abgesehen. So werden die Bezugsgrößen der Kennzahlen Transformationen unterzogen, um sie auf das Intervall [0,1] zu begrenzen und um die Monotonie sicherzustellen (je höher die Kennzahl, desto besser). Außerdem sind die Bezugsgrößen selbst schon abstrakte Größen, wie z.B. Mittelwerte oder Verhältnisse. Das bedeutet, daß die Größenordnungen der Kennzahlen nur sehr ungenau in reale Größenordnungen umgerechnet werden können. Somit schließt sich ein kardinales Niveau aus.

Die Kennzahlen sind schwer untereinander zu vergleichen. Es müssen zahlreiche Faktoren beachtet und quantifiziert werden, bevor eine Präferenzordnung aufgestellt und eine Kompensation erlaubt werden kann. Außerdem müssen bei unterschiedlichen Aufgabentypen die Austauschraten oder Grenzraten der Substitution variieren. Eine Abdeckung aller Möglichkeiten ist aufgrund der Komplexität deshalb nicht zu realisieren. Ferner ist es nicht gerechtfertigt, daß der Benutzer diese Daten selbst eingibt.

Fazit ist, daß die Kennzahlen K1-K7 ordinales Niveau zeigen. Da sie darüber hinaus konsistent sind, können die einzelnen Alternativen in eine vollständige Ordnung gebracht werden. Eine Nominalskala kommt aufgrund der Tatsache, daß eine „besser/schlechter" Aussage nicht möglich ist, nicht in Frage.

Auswahlverfahren

Um n zu vergleichende Alternativen in eine Rangreihe n-ter Ordnung zu bringen, sind nach ZANGEMEISTER /180/ zwei Verfahrensweisen üblich: das Rangordnungsverfahren und das Verfahren des vollständigen, ordinalen Paarvergleichs.

Beim *vollständigen Paarvergleich* lassen sich Rangreihen n-ter Ordnung auf „n über 2" Rangreihen 2-ter Ordnung zurückführen. Die gesuchte Rangreihe entsteht durch einen vollständigen, ordinalen Paarvergleich der Alternativen $A_1,..,A_n$. Die Bewertungsergebnisse $e_{i,n}$, die entweder den Wert 0 für schlechter oder den Wert 1 für besser annehmen können, werden in einer Dominanzmatrix $[e_{i,n}]$ eingetragen. Aus dieser läßt sich dann die gesuchte Rangreihe n-ter Ordnung ableiten. Rang 1 erhält diejenige Alternative, die am häufigsten dominiert und in der Summe $e_{i,n}$ am höchsten liegt.

Beim *Rangordnungsverfahren* werden die Alternativen $A_1,..,A_n$ nach jeder einzelnen Kennzahl sortiert. Anschließend gibt Rang (i,j) an, auf welchem Rang Plan i steht, wenn nur nach Kennzahl j sortiert wird. Dabei werden Plätze auch mehrfach vergeben, wenn Pläne denselben Kennzahlwert haben. Um nun die mittlere Rangfolge zu bestimmen, werden die Alternativen nach den Summen der ihnen jeweils zugeteilten Ränge geordnet. Die Alternative mit der niedrigsten Rangsumme erhält dann den Rang 1, die Alternative mit der höchsten Rangsumme erhält den letzten Platz.

Beide Verfahren lassen sich auf den vorliegenden ordinalen Skalentyp anwenden. Für TOPP wurde das Rangordnungsverfahren implementiert, da dieses Verfahren besser geeignet ist, um die entwickelten Kennzahlen (Attribute P_1,..,P_m) und deren Größenordnungen (Ausprägungen $a_{i,j}$) aufzunehmen. Im Anwendungsfall (siehe auch Kapitel 6.2) sind die Attribute P_1,..,P_m in ihren Ausprägungen $a_{i,j}$ sehr ähnlich. Bei der Anwendung des Paarweisen Vergleichs werden knapp beisammenliegende Alternativen übermäßig separiert, wodurch Informationen verloren gehen. Dagegen erlauben Rangordnungsverfahren eine gewisse Kompensation, was vor allem im Anwendungsfall von Vorteil ist.

Zwar lassen sich durch den Paarweisen Vergleich widersprüchliche Urteilsverhalten identifizieren, im Rahmen der Auswahlmethodik wird das Urteil jedoch analytisch durch eine Berechnungsfunktion gefällt. Widersprüchlichkeiten können so nicht auftreten. Zudem wurde TOPP so konzipiert, daß der Planer oder das Team auf Wunsch die Ergebnisse, die durch den Paarweisen Vergleich entstehen, abrufen kann. Somit entsteht eine Entscheidungshilfe, die dem Nutzer genügend Freiraum läßt, die Ergebnisse zu interpretieren.

4.3.2.2 Planauswahl mit Alternativszenarien

Ein Szenario ist die Beschreibung einer zukünftigen Situation und der Entwicklung bzw. die Darstellung des Weges, der aus der Gegenwart in die Zukunft führt /163/.

Mit den sieben Kennzahlen zur Bewertung der Alternativen sowie dem Rangordnungsverfahren zur Berechnung der Präferenzreihe ist der Nutzer theoretisch in der Lage, eine Alternative der vorliegenden Pläne auszuwählen. Die Planung selbst ist jedoch eine hochkomplexe Aufgabe, die oft durch den einzelnen aufgrund seiner begrenzten Mentalkapazitäten nicht mehr optimal zu lösen ist /64/. DÖRNER /42/ stellt hierzu fest: *„Es wäre wahrscheinlich vernünftig, eine Batterie verschiedenartiger Szenarien mit sehr verschiedenartigen Anforderungen zusammenzustellen, um die Personen einer solchen „Anforderungssymphonie" auszusetzen."*

In dieser Arbeit ist ein Szenario die Bewertung eines berechneten Vorgehensplans anhand feststehender Parameter (den Kennzahlen) für definierte Problemstellungen. So ist beispielsweise die Auswahl des Plans mit der geringsten Komplexität eine mögliche Problemstellung. Die Vorteile bei der Nutzung von Szenarien sind in Bild 25 beschrieben.

Im folgenden werden die in TOPP implementierten Szenarien hergeleitet, die vor allem durch die Hauptbestimmungsgrößen von Entwicklungsprojekten definiert sind. Das Ziel ist zum einen, über die Szenarien dem Nutzer unterschiedliche

Sichten auf den Ereignisraum zu geben, um so eine oder mehrere Projektbestimmungsgrößen in den Vordergrund zu stellen. Zum anderen bilden die verschiedenen Szenarien eine Abbildung der Realität, über die die Teams diskutieren können. Die Struktur der Szenarien ist bestimmt von DÖRNERs /42/ Forderung nach der Verschiedenartigkeit.

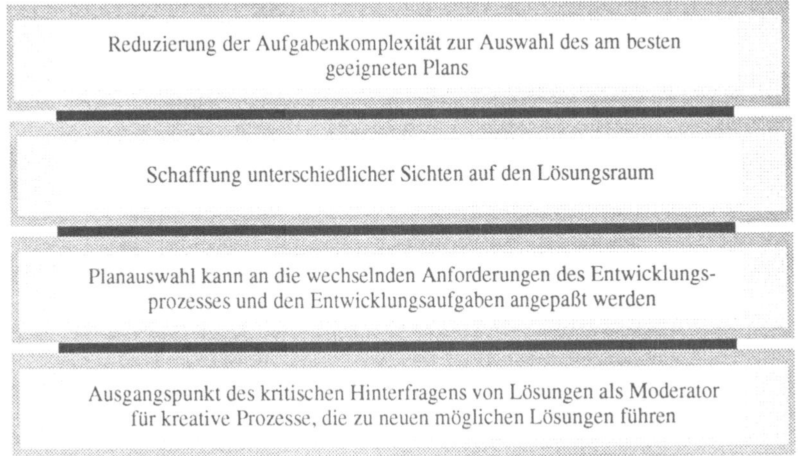

Bild 25: Vorteil bei der Nutzung von Szenarien bei der Planauswahl

Vorgehensweise

Die Berechnung der Reihenfolge innerhalb der Szenarien S1-S4 läuft nach einem festen Schema, wie es in Bild 26 beschrieben ist, ab. Für jedes Szenario werden ausgewählte charakteristische Kennzahlen festgelegt. Hierbei wird zwischen Kennzahlen, die als First Order Kriterium (FOK) oder als Second Order Kriterium (SOK) bezeichnet sind, unterschieden. FOK-Kennzahlen werden für eine erste Auswahl mittels dem Rangordnungsverfahren herangezogen. Ergibt die Eindeutigkeitsprüfung für mehrere Lösungen A_x Gleichheit, werden diese nach den SOK-Kennzahlen analog untersucht. Wenn auch hier keine eindeutige Folge entsteht, wird als drittes Kriterium der Abstand des Kennzahlenvektors K(i) der Einzellösungen zum Idealvektor K betrachtet. Dieser ergibt sich aus dem maximal erreichbaren Wert aller Kennzahlen K1-K7 des Lösungsraums:

$$K = (\max\{K1(i): i=1,..,n\}, .., \max\{K7(i): i=1,..,n\})$$

Anschließend wird der euklidische Abstand D(i) des Kennzahlenvektors K(i)=(K1(i),..,K7(i)) einer Alternative zum Idealvektor K berechnet:

$$D(i) = \|K - K(i)\|_2 = \sqrt{\sum_{j=1}^{7} (K_j - K(i)_j)^2}$$

D(i) entspricht dem kleinste-Quadrate-Abstand in einem Ausgleichsverfahren. Dieser Wert wird im dritten Schritt untersucht, wenn nach dem FOK und SOK zwei Alternativen nicht unterschieden werden konnten. Dabei ist zu berücksichtigen, daß gleiche numerische Differenzen in unterschiedlichen Kennzahlen gleich bewertet werden, d.h. es wird Kompensation erlaubt. Jener Schritt ist gerechtfertigt, da die Alternativen bereits nach bis zu vier Kennzahlen verglichen wurden und sich trotzdem keine eindeutige „besser/schlechter" Beziehung ergab. Man kann davon ausgehen, daß die Alternativen in den für den Benutzer wichtigen Kriterien gleiches Niveau besitzen. Ist auch hiernach kein Urteil zu fällen, welcher der beiden Pläne geeigneter ist, werden die Pläne als gleich betrachtet und bekommen den gleichen Gesamtrang in diesem Szenario zugeordnet.

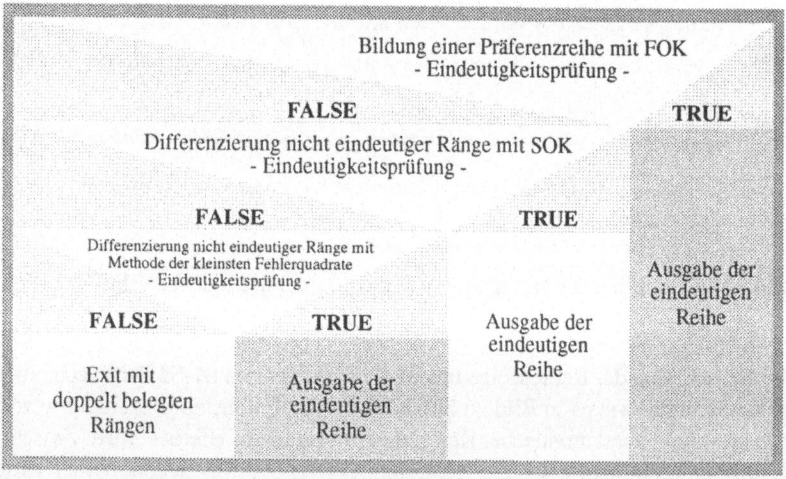

Bildung einer Präferenzreihe mit FOK
- Eindeutigkeitsprüfung -
FALSE
TRUE
Differenzierung nicht eindeutiger Ränge mit SOK
- Eindeutigkeitsprüfung -
FALSE
TRUE
Differenzierung nicht eindeutiger Ränge mit Methode der kleinsten Fehlerquadrate
- Eindeutigkeitsprüfung -
FALSE
TRUE
Exit mit doppelt belegten Rängen
Ausgabe der eindeutigen Reihe
Ausgabe der eindeutigen Reihe
Ausgabe der eindeutigen Reihe

Bild 26: Struktogramm des Algorithmus zur Bestimmung der Präferenzfolge mit Planungsszenarien

Neben den nachfolgend beschriebenen vier Szenarien ist zusätzlich ein benutzerdefiniertes Szenario vorgesehen. Somit ist der Planer oder das verhandelnde Team selbst in der Lage, Schwerpunkte für die Auswahl zu treffen. Das Verfahren entspricht dann einer Nutzwertanalyse. Eine ausführliche Beschreibung dieser Methode gibt ZANGEMEISTER /180/.

Beschreibung der Einzelszenarien

Alle Szenarien basieren, analog zu der Konzeption der Kennzahlen, auf dem gleichen Vorgehenskonzept. Zur Bildung der Szenarien lassen sich vier grundsätzliche Anforderungen formulieren:

- Verschiedenartigkeit: Die Gesamtheit der Szenarien soll einen möglichst großen Teil des Ereignisraumes der Produktentwicklung abdecken.

- Unabhängigkeit: Die zur Bildung des Szenarios notwendigen Kennzahlen dürfen nicht in einer pareto-optimalen Lösung münden, um sich nicht gegenseitig zu neutralisieren.
- Relevanz: Die Einzelszenarien sollen für die Produktentwicklung relevante Zielsetzungen repräsentieren.
- Unterstützung: Die Szenarien haben den Benutzer und die Teams bei der Auswahl der bewerteten bzw. verhandelten Pläne für unterschiedliche Projekttypen zu unterstützen.

Das Szenario S1 *Schnelligkeit* ist abgeleitet von der Notwendigkeit, in zunehmendem Maße die Produktentwicklungszeiten zu verkürzen /24/. Somit ist das FOK die Kennzahl K1 *Prozeßdauer*, die diejenigen Pläne am höchsten bewertet, die die kürzeste Durchlaufzeit aufweisen. Tritt hier Gleichheit auf, so wird für das SOK die Kennzahl K2 *Prozeßkoordination* verwendet. Dies ist insofern gerechtfertigt, als die Koordination von Teilplänen oder Vorgängen im Team Ressourcen beansprucht, die dann nicht wertschöpfend eingesetzt sind.

Mit dem Szenario S_2 *Einfachheit* wird dem Aspekt der Komplexität in der Produktentwicklung Rechnung getragen. Tatsache ist, daß durch die zunehmende Verkürzung der Produktentwicklungszeiten, die Bildung von Entwicklungskooperationen, die räumliche Verteilung von Organisationseinheiten sowie die immer komplexeren Produkte selbst die Komplexität des Produktentwicklungsprozesses sehr hoch ist /14/, /62/. Das Ziel muß sein, Entwicklungsprozesse mit einer einfachen Struktur und möglichst geringer Überlappung abhängiger Vorgänge zu formen. Folglich sind die Kennzahlen K2 *Prozeßkoordination* und K3 *Prozeßverflechtung* als FOK ausgewählt. Als SOK berücksichtigt das Rangordnungsverfahren die Kennzahlen K7 *Planungsspielraum* und K4 *Prozeßrisiko*. Die Pufferzeit ist aufgrund des nicht deterministischen Charakters von Produktentwicklungsprozessen ausgewählt.

Das Szenario S3 *Sicherheit* entspricht der Forderung nach einer Reduzierung des Risikos bei den zu erzielenden Produktkosten, der zu erreichenden Qualität des Produkts und der Einhaltung der Entwicklungszeit, um die zielorientierte Durchführung der Prozesse besser zu beherrschen. Eine Möglichkeit, auf diese Forderung einzugehen, ist die Vorverlagerung risikoreicher Vorgänge. Folglich bilden die Kennzahlen K4 *Prozeßrisiko* und K1 *Prozeßdauer* das FOK. Als SOK sind K2 *Prozeßkoordination* und K7 *Planungsspielraum* ausgewählt.

Die gemeinsame Verwendung von K1 und K7 entspricht nicht der Forderung nach der Vermeidung pareto-optimaler Lösungen, doch werden die Kennzahlen nicht in einem Auswahlschritt, sondern als zweistufiges Verfahren verwendet.

Ziel im Szenario S4 *Effizienz* ist eine möglichst effiziente Ausnutzung der zur Verfügung stehenden Ressourcen: Personal und Sachmittel. Dies hat direkte Auswirkungen auf die Entwicklungskosten, sofern die Annahme getroffen wird, daß nach der Abarbeitung der letzten Aufgabe, die dem Projekt zugeteilten Ressourcen nicht mehr kostenseitig zum Tragen kommen. Da auch die Entwicklungszeit indirekt auf die Entwicklungskosten einwirkt, sind als FOK die Kennzahlen K1 *Prozeßdauer* und K6 *Ressourcenauslastung* ausgewählt. Als SOK finden die Kennzahlen K2 *Prozeßkoordination* und K4 *Prozeßrisiko* Verwendung.

Name Szenario	**First Order Kriterien (FOK)**	**Second Order Kriterien (SOK)**
S1 - Schnelligkeit	Prozeßdauer (K1)	Prozeßkoordination (K2)
S2 - Einfachheit	Prozeßkoordination (K2); Prozeßverflechtung (K3)	Prozeßrisiko (K4); Planungsspielraum (K7)
S3 - Sicherheit	Prozeßdauer (K1); Prozeßrisiko (K4)	Prozeßkoordination (K2); Planungsspielraum (K7)
S4- Effizienz	Prozeßdauer (K1); Ressourcenauslastung (K6)	Prozeßkoordination (K2); Prozeßrisiko (K4)
S5 - Benutzerdefiniert	K1 bis K7	entfällt

Tabelle 15: Implementierte Planungsszenarien

Im Szenario S5 hat der Planer die Möglichkeit, die sieben zur Verfügung stehenden Kennzahlen entsprechend seiner Zielsetzung zu gewichten. Dazu ist die Eingabe der Gewichte w(1), .. ,w(7) notwendig, die sich zum Wert 1 addieren. Es wird dann der gewichtete Abstand des Kennzahlenvektors K(i)=(K1(i),..,K7(i)) zum Idealvektor gebildet. Der Idealvektor setzt sich aus den erreichten Höchstwerten der Kennzahlen der betrachteten Alternativen zusammen.

$$D(i) = \|K - K(i)\|_w = \sqrt{\sum_{j=1}^{7} w(j)(K_j - K(i)_j)^2}$$

Die Alternativen werden nach D sortiert. In diesem Szenario kann der Planer auch auf die Kennzahl K5 *Prozeßlogik* zurückgreifen, die in den Szenarien S1 bis S4 aus bereits erwähnten Gründen ausgeklammert ist.

In den Kapiteln 4.2 und 4.3 sind Konzepte beschrieben, die die Berechnung, Bewertung und Auswahl von Teilplänen innerhalb des Teams ermöglichen. Im folgenden soll deshalb auf die spezifischen Anforderungen dezentraler Entwicklungsstrukturen eingegangen werden - den Mechanismen zur Verhandlung und Koordination von dezentral generierten Teilplänen.

4.4 Mechanismen zur Koordination von Teilplänen

Dezentrales Planen beinhaltet mehr als nur das Verteilen von Teilzielen (beispielsweise über Rahmenterminpläne), für die dann von den individuellen Agenten Teilpläne erzeugt werden. Dezentrales Planen impliziert eine aktive Koordination der verschiedenen Agenten zum Erlangen abgestimmter Ergebnisse. Bedingt durch die Randbedingungen im RPD (R2, R3, R8, R13) werden deshalb formale und informelle Planungsprozesse zur Koordination benötigt. Sie sind zusätzlich aufeinander abzustimmen (A11).

Die Konzeption von TOPP bedient sich drei prinzipieller Mechanismen:

- Vernetzung der Teilpläne,
- Integration phasen- und ergebnisorientierter Planung und
- Planung mit Konsistenzkorridoren.

In den anschließenden Kapiteln 4.3.1 bis 4.3.3 sind die Mechanismen anhand der herrschenden Randbedingungen im RPD und den daraus resultierenden Anforderungen hergeleitet und beschrieben. Zudem vertieft Kapitel 4.3.4, wie formale und informelle Planungsprozesse, als maßgebliches Element zur Realisierung der aufgezeigten Koordinationsmechanismen, zu integrieren sind.

4.4.1 Vernetzung von Teilplänen

Die Vernetzung der Teilpläne über Einzelvorgänge stellt den entscheidenden Mechanismus zur Koordination dezentral planender Entwicklungsteams dar. Formales Element der Vernetzung bilden die in Kapitel 4.1.1.3 beschriebenen Allen-Zeitrelationen. Die Relationen können sowohl innerhalb des Teilplans eines jeweiligen Entwicklungsteams (interne Relation) als auch außerhalb (externe Relation) liegen. Im letzteren Fall definiert dies eine Schnittstelle zu einem anderen Team. Ferner definieren interne Relationen End- und Zwischenergebnisse von Vorgängen. Das heißt, im Falle einer *Overlaps*-Relation muß der Planer ein Zwischenergebnis angeben sowie den wahrscheinlichen Übergabetermin als prozentualen Anteil der Gesamtdauer. Analog wird für externe *Overlaps*-Relationen verfahren. Im Falle einer *After*-Relation, bei der keine parallele Abarbeitung abhängiger Vorgänge auftritt, ist die Definition von Zwischenergebnissen nicht notwendig.

Während des Planaufbaus muß der Planer die zur Abarbeitung der Aufgabe notwendigen Vorgänge ableiten. Für eine detaillierte Beschreibung von hierzu möglichen Ansätzen und Methoden wird auf PLATZ und SCHMELZER /122/ sowie KUSIAK und PARK /92/ verwiesen.

Das Verknüpfen der identifizierten Vorgänge mittels Relationen benötigt Wissen über entsprechende Start- und Schließbedingungen. Dieses Wissen stellt der Planer selbst bzw. das Entwicklungsteam bereit. Neben dem Wissen um Fakten ist vor allem das Wissen um die informellen Netzwerke ein wesentlicher Erfolgsfaktor für das Gelingen eines Entwicklungsprojekts /42/.

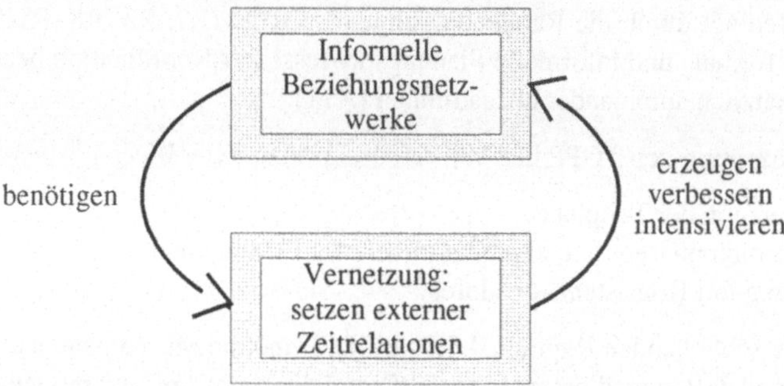

Bild 27: Zusammenwirken von informellen Netzwerken und dem Setzen externer Relationen

TOPP verfolgt deshalb den Ansatz des expertenorientierten Setzens von externen und internen Relationen (siehe auch Bild 28). Um bei der Vernetzung (das Setzen der externen Relationen) der Teilpläne zu einer klaren und vollständigen Definition der Schnittstellen zu gelangen, ist eine intensive Kommunikation zwischen den kooperierenden Entwicklungsteams notwendig. Hierbei werden existierende informelle Netzwerke benötigt (siehe auch Bild 27). Außerdem verbessert die Anwendung von TOPP die informellen Netzwerke, da eine Kommunikation stattfinden muß, um die Schnittstellen zufriedenstellend zu definieren. Informelle Planungsprozesse schaffen in TOPP somit die Voraussetzung für die koordinierte und formal korrekte Vernetzung abhängiger Vorgänge und werden umgekehrt durch die Anwendung von TOPP verbessert.

Die formale Koordination der Teilpläne ist abhängig von der Prozeßsituation. So ist, wie in Bild 28 dargestellt, die Vernetzung mit bereits bestehenden Teilplänen möglich (hier über eine *Finishes*-Relation zwischen Vorgang A3 und Vorgang B3). Externe Relationen sind dann in Form eines zeitlichen Fixpunkts oder eines definierten Zeitintervalls als zusätzliche Randbedingung in die Planberechnung aufzunehmen. Eine zweite Möglichkeit ist die Verknüpfung zweier Relationennetze. In diesem Fall wird die externe Relation nicht als zusätzliche Randbedingung in die Berechnung einfließen. Die zeitliche Koordination dieses Planungsvorgangs hat hierbei über persönliche Abstimmungsprozesse zu erfolgen.

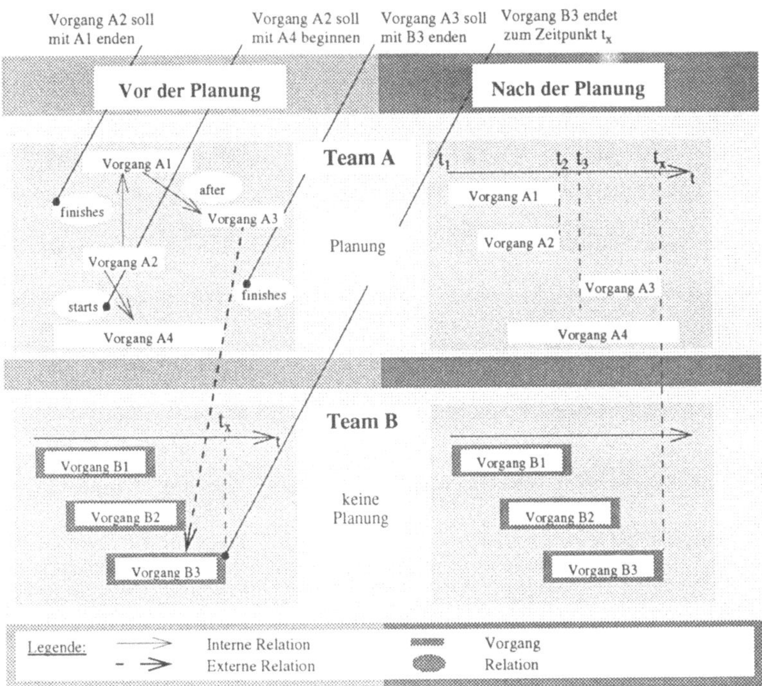

Bild 28: Interne und externe Relationen

4.4.2 Integration phasen- und ergebnisorientierter Planung

Neben der vorgangsbezogenen Vernetzung von Teilplänen dient als weiterer Koordinationsmechanismus die Integration der phasen- und ergebnisorientierten Planung.

Die wesentliche Methode bei der Gliederung des Gesamtprozesses in Phasen ist die bereits in Kapitel 3 beschriebene Meilensteinstruktur. Obwohl die Phasenorientierung im RPD weniger ausgeprägt ist als in klassischen Entwicklungsansätzen, ist sie dennoch ein wichtiges Element zur Koordination des Prozesses /22/.

Die aus der zeitlichen Aneinanderreihung von Meilensteinen entstehenden Rahmenterminpläne (RTP) werden durch einen eigenen Planungsagenten generiert. Hierbei ist kein Durchlaufen des Planungsalgorithmus notwendig, da die zeitliche Abfolge der Meilensteine ein Ergebnis von Abstimmungsgesprächen ist. Die entsprechenden Planungsagenten stellen den RTP dann im System zur Verfügung. Aus planungstechnischer Sicht ist der Meilenstein über seinen zeitlichen

Fixpunkt, der zugehörigen Verantwortlichkeit und der Ergebnisse definiert (siehe Bild 29).

Zuerst muß der Planer die zu planenden Vorgänge und die entsprechenden internen und externen Relationen definieren. Anschließend ist die Verknüpfung der jeweiligen Vorgänge mit den zu berücksichtigenden Rahmenterminplänen erforderlich (siehe Bild 29). Hierzu sind, ausgehend von den Vorgängen, externe Relationen zu den Meilensteinen zu setzen. Ist beabsichtigt, das Vorgangsende mit dem Meilensteintermin zeitgleich zu gestalten, so wird dies mit einer *Meets*-Relation dargestellt.

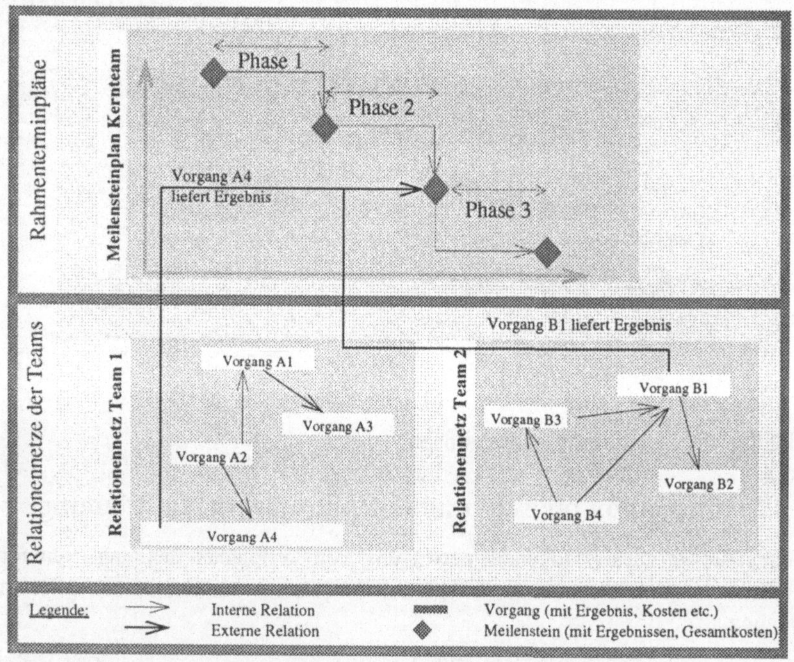

Bild 29: Integration phasen- und ergebnisorientierter Planung

Soll der Vorgang vor dem Meilenstein abgeschlossen sein, jedoch ein Teilergebnis des definierten Ergebnisses des Meilensteins darstellen, so wird dies mit einer *Before*-Relation gelöst. Soll ein Vorgang nach Ende eines Meilensteins beginnen, so ist das Setzen einer *Starts*-Relation nötig. Das Setzen der Relationen erfolgt analog zur Vernetzung der Teilpläne durch den Experten. Die zeitlichen Fixpunkte der Meilensteine stellen somit eine zusätzlich Randbedingung für den Planungsalgorithmus dar. Bei der Auswahl der Meilensteine können auch Vorgänge auftreten, die nicht bis zum Meilenstein beendet sein müssen, jedoch in einer definierten Phase beginnen sollen. Diese Vorgänge werden dann über eine *Overlaps*-Relation an den jeweiligen Meilenstein gebunden.

Die dargelegte Vorgehensweise erfolgt analog für die Meilensteine 1. und 2. Ordnung. Für Meilensteine 3. Ordnung gelten die aufgezeigten Zeitrelationen. Eine Koordination mit anderen Entwicklungsteams ist aufgrund des Gültigkeitsbereichs nicht mehr notwendig.

4.4.3 Planen mit inkonsistenten und unvollständigen Daten

Neben den Anforderungen, ein System zu konzipieren, welches die dezentrale Planung zuläßt, ist in der Neuentwicklung von Produkten zudem der Tatsache Rechnung zu tragen, daß der Gesamtprozeß eine hohe Komplexität aufweist und somit nur zu einem gewissen Teil vorhersehbar ist (R3, R5, R6). Das bedeutet für den Planungsvorgang, daß beispielsweise nicht alle Vorgänge vollständig zu beschreiben sind. So hat der Planer in TOPP die Möglichkeit, Zeiträume zu definieren (vom aktuellen Startzeitpunkt ausgehend), in denen der zu berechnende Teilplan mit anderen Teilplänen zu koordinieren ist. Folglich dürfen nach Abschluß der Planung in diesem Zeitraum keine Konflikte mehr herrschen - die Vorgänge müssen hinsichtlich der definierten Schnittstellen (über die externen Relationen) konsistent sein. Vorgänge, die außerhalb dieses sogenannten *Konsistenzkorridors* liegen, werden für die Berechnung der jeweiligen Teilpläne nicht betrachtet.

Die datentechnische Realisierung erfolgt über eine flexible Übergabe der externen Relationen durch die an der Verhandlung beteiligten Planungsagenten. Aufgrund der Verwendung von Allen-Zeitrelationen kann eine Übergabe durch den Planungsagent nur dann erfolgen, wenn die Relation auf einen zeitlichen Fixpunkt zeigt. Bei der Verwendung von Konsistenzkorridoren während der Vernetzung von Teilprojekten muß deshalb einer der zwei zu koordinierenden Teilpläne bereits vorliegen.

Durch die Verwendung der Konsistenzkorridore ist die Möglichkeit gegeben, eine situative Planung zu vollziehen sowie den Unsicherheiten des Prozesses in der Planung Rechnung zu tragen. Ist beispielsweise eine Situation mit einer hohen Planungssicherheit gegeben (in späten Projektphasen einer Anpassungsentwicklung), so können die kooperierenden Entwicklungsteams alle externen Relationen für die Berechnung berücksichtigen.

Befindet sich das Projekt hingegen in einem Zustand, der mit einer sehr hohen Planungsunsicherheit behaftet ist (in frühen Projektphasen einer Neuentwicklung), so sind alle externen Relationen zu spezifizieren. Für die eigentliche Berechnung der Teilpläne werden jedoch nur Relationen bis zu einem zu bestimmenden Meilenstein in Betracht gezogen (siehe auch Bild 30). Zeitlich dahinterliegende, externe Relationen werden für die Planberechnung nicht berücksichtigt (in Bild 30 die *starts*-Relation zwischen Vorgang A4 und Vorgang B4).

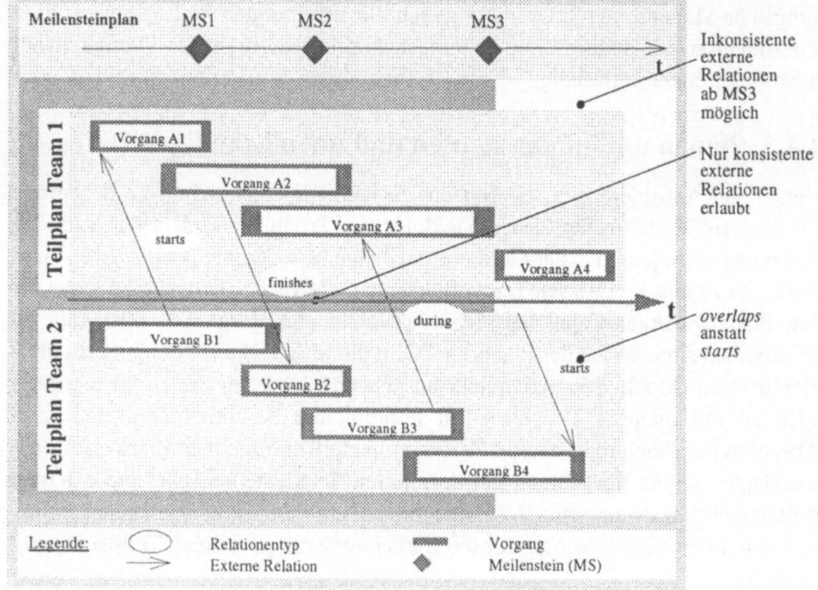

Bild 30: Planen mit Konsistenzkorridor

Somit kann der Planer zwischen zwei Planungsstrategien auswählen: einer opportunistischen, bei der nur die Randbedingungen der eigenen Planungsdomain berücksichtigt werden und einer konventionellen, die eine vollständige Konsistenz der Pläne nach der Berechnung ermöglicht.

4.4.4 Integration formaler und informeller Planungsprozesse

Das Verknüpfen formaler und informeller Planungsprozesse bildet ein wesentliches Element der in TOPP implementierten Methoden zur Planung und Koordination dezentraler Entwicklungsteams.

Entsprechend der in Kapitel 2 formulierten Anforderungen (A11) sind informelle Prozesse methodisch in die Funktionsweise des zu entwickelnden Planungssystems einzugliedern.

Neben der Bildung der Teilprojektstrukturen während den frühen Phasen der Projektdefinition umfaßt die Projektplanung drei wesentlichen Aufgaben (siehe auch AIM in Kapitel 3.3.3):

- Definition und Verabschiedung von Rahmenterminplänen (RTP)
- Erstellung und Vernetzung von Teilplänen
- Abstimmung bei der Neuplanung und Änderung von Teilprojekten

Diese werden durch die methodische Integration beider Prozeßtypen unterstützt.

Definition und Verabschiedung von Rahmenterminplänen

Wie bereits in Kapitel 3.2.1 beschrieben, bieten Meilensteine 1. und 2. Ordnung die Möglichkeit, die Entwicklungsaufgaben kooperierender Entwicklungsteams zeitlich und inhaltlich zu synchronisieren. Mit der Klärung der Aufgabenstellung und Evaluierung der technischen Möglichkeiten in den gebildeten Entwicklungsteams erfolgt der Aufbau von Teilprojektstrukturen (siehe IAM in Kapitel 3.3.3). Diese leitet den ersten Schritt des in Bild 31 dargestellten dreistufigen Vernetzungsschemas ein. Die Teilprojektstrukturen stellen die Grundlagen für den individuellen Aufbau des Projektstrukturplans in TOPP dar (formaler Prozeß).

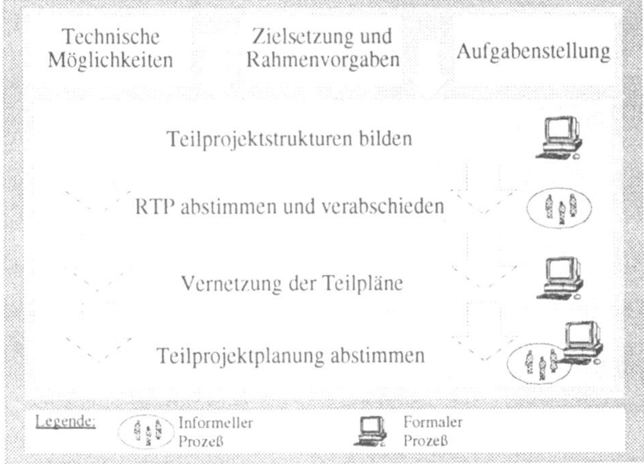

Bild 31: Vierstufiges Vernetzungsschema

Bevor nun externe Relationen zu den Rahmenterminplänen durch die Teams gesetzt werden können, müssen Abstimmungsgespräche zwischen den Entwicklungsteams stattfinden. Ziel hierbei ist es, Termine und Ergebnisse abzustimmen (informeller Prozeß). Der durch einen zu bestimmenden Planer initialisierte Planungsagent stellt den verabschiedeten Rahmenterminplan über das System zur Verfügung (formaler Prozeß). Die jeweiligen Teams können dann ihre externen Relationen auf die Meilensteine setzen (formaler Prozeß).

Vernetzung der Teilpläne

Die Vernetzung der Teilpläne erfolgt durch die Experten (formaler Prozeß). Um jedoch eine effiziente und zielführende Vernetzung zu erreichen, sind wieder Abstimmungsprozesse zwischen den kooperierenden Entwicklungsteams notwendig (informeller Prozeß). Sie dienen der Klärung von Zwischen- und Endergebnissen abhängiger Vorgänge sowie zeitlogischer Verknüpfungen. Zwar kann der Planer über den Informationsspeicher von TOPP auf die Erfahrung alter Projekte zurückgreifen. Aufgrund der existierenden Randbedingungen von Entwicklungsprojekten im RPD (R2, R3) ist eine individuelle Prüfung der Verhältnisse jedoch auf jeden Fall notwendig. Sind die Schnittstellen ausreichend abgestimmt und definiert, kann jedes Entwicklungsteam eine individuelle Vernetzung mit den anderen Plänen vornehmen.

Abstimmung bei der Neuplanung und Änderung von Teilprojekten

Das Ziel bei der Koordination dezentral planender Entwicklungsteams im RPD ist die Schaffung konsistenter Teilpläne in einem definierten zeitlichen Rahmen. Mittels der Nutzung von Konsistenzkorridoren kann ein planendes Entwicklungsteam Relationen zu anderen Teilplänen situativ berücksichtigen. In einem rein opportunistischen Planungsverhalten können alle externen Relationen ausgeblendet und ein vorläufiger Plan erstellt werden (formaler Prozeß). Eine zeitliche Synchronisation ist nur über die RTP gegebenen. In einem zweiten Schritt wird die Konsistenz des generierten Plans in einem flexibel wählbaren Zeitrahmen überprüft. Im Fall der Identifikation von Inkonsistenzen, wie beispielsweise einer nicht eingehaltenen *Finishes*-Relation, sind Abstimmungsgespräche zwischen den Entwicklungsteams zur Lösung dieses Konflikts notwendig (informeller Prozeß). Aufgrund der Komplexität des Gegenstandsbereichs (R8) ist auch an dieser Stelle die Nutzung formaler Methoden nicht zielführend. Erzielen die Teams eine Einigung, so sind die jeweiligen Teilpläne anzupassen (formaler Prozeß).

4.5 Integriertes Management von Planungsinformation

Neben der Planberechnung und den Mechanismen zur Koordination von Entwicklungsteams bildet ein integriertes Management von Planungsinformationen das dritte maßgebliche Element zum Aufbau eines Systems zur dezentralen Planung im RPD. So sind zum einen planungsrelevante Informationen problemorientiert aufzubereiten und zu verdichten. Zum anderen gilt es, einen transparenten, flexiblen und nachvollziehbaren Informationsfluß zwischen den Entwicklungsteams zu ermöglichen und die Grundlagen für kontinuierliche Lernprozesse zu schaffen (A12, A13). Es ist die richtige Information am richtigen Ort zur richtigen Zeit bereitzustellen.

Kern des Lösungsansatzes bilden semi-strukturierte Dokumente und Botschaften sowie die Verwendung von Konzepten aus der Linguistik zum Aufbau und zur Steuerung der Informationslogistik. Als Konsequenz der Informationsflußanalyse (siehe IAM in Kapitel 3.3.3) gilt es ferner, über entsprechend strukturierte Dokumente, produkt- und projektdefinierende Informationen zu integrieren. Der Begriff Dokument definiert hierbei ein Informationsobjekt, welches einen bestimmten Sachverhalt in numerischer und alphanumerischer Form beschreibt, wie beispielsweise ein Projektfortschrittsbericht.

4.5.1 Semi-strukturierte Dokumente und Botschaften

Für die Konzeption von TOPP wurde der von MALONE /102/ geprägte Ansatz der semi-strukturierten Botschaften („semi-structured Messages") weiterentwikkelt. Der Begriff „semi-strukturiert" bezieht sich auf die duale Datenfeldstruktur der ausgetauschten Botschaften zwischen den Organisationseinheiten. So existieren Datenfelder, die Text oder Zahlen enthalten, welche durch ein Rechnerprogramm nicht interpretiert werden können. Ferner existieren solche, die durch ein Programm identifiziert und interpretiert werden können.

Um nun projektdefinierende Informationen (siehe Informationsmodell aus Kapitel 3) entsprechend nutzen zu können, müssen semi-strukturierte Botschaften mit semi-strukturierten Dokumenten integriert werden. In einem solchen Dokument existieren, analog zu den semi-strukturierten Botschaften, Datenfelder, deren Inhalt durch einen Rechner interpretiert werden können. Andererseits gibt es Datenfelder, die nur für den Planer selbst eine Semantik besitzen. Die Vorteile bei der Verwendung semi-strukturierter Objekte für die integrierte Projektdokumentation sind:

- Interpretierbarkeit und Weiterverwendbarkeit projektdefinierender Informationen durch einen Rechner
- Einheitliche Informationsaufbereitung und -verdichtung
- Strukturierte Darstellung von Arbeitsinhalten
- Zugewinn an Transparenz durch die Möglichkeit zur Erweiterung rein numerischer um alpha-numerische Planungsdaten
- Effiziente Möglichkeit zur späteren rechnergestützten Überwachung von Schnittstellen durch deren differenzierte Dokumentation
- Vermeidung aufwendiger Parsingprogramme zur Interpretation von Volltexten
- Verringerung des nicht-wertschöpfenden Gesamtaufwands zur Dokumentation
- Unterstützung von Lernprozessen durch die projektübergreifende Verfügbarkeit, Interpretierbarkeit und Analysierbarkeit aller projektrelevanter Daten sind.

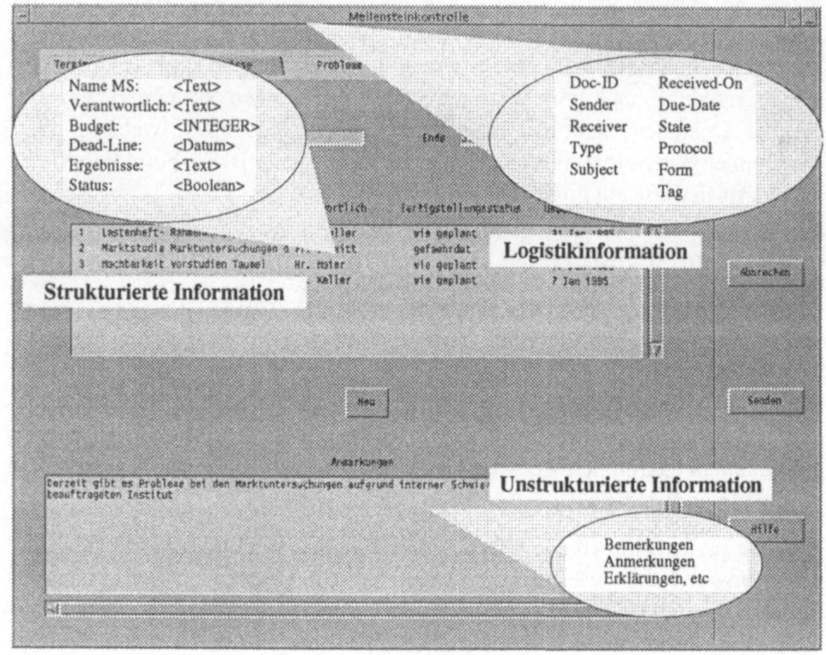

Bild 32: Dokumentenstruktur in TOPP am Beispiel Meilensteininitialisierung

Durch die Integration semi-strukturierter Dokumente und Botschaften ergibt sich ein Informationsobjekt, wie es in Bild 32 dargestellt ist. Es beinhaltet projektdefinierende Informationen sowie Informationen über die zugehörige Logistik. Dadurch kann auf eine zentrale, den Informationsfluß koordinierende Instanz zu weiten Teilen verzichtet werden. Zudem wird der Informationsfluß zwischen kooperierenden Entwicklungsteams intensiviert, da sich die Auslösung entsprechender Prozesse einfach und effizient gestaltet. Die für die Planung in Entwicklungsprojekten wichtige Nachvollziehbarkeit von Entscheidungen oder Ergebnissen (A12, A13) wird dadurch erleichtert, daß alle projektdefinierenden Informationen und deren Logistik schnell verfügbar und interpretierbar sind.

Dadurch läßt sich nicht nur der Informationsfluß besser kontrollieren, sondern auch vom Inhalt des Projektgeschehens abhängig machen. Ein Dokument in TOPP besteht demnach aus drei Elementen: dem strukturierten und dem unstrukturierten Teil der reinen Projektdokumentation sowie dem Element, welches die Informationslogistik regelt. Das in Bild 32 dargestellte Dokument ist nachfolgend beschrieben.

Logistikinformationen

Jedes Dokument kann situationsspezifisch mit einer entsprechenden „Logistikinformation“ versehen werden, um so andere Projektbeteiligte über einen gewissen planungsrelevanten Sachverhalt aufzuklären. Das Teilobjekt umfaßt die folgenden Parameter:

- den Pointer *Doc-id*, der auf den Datensatz des jeweiligen Dokuments im Informationsspeicher zeigt,
- die Benennung des Senders *Sender* des Dokuments, der üblicherweise mit dessen Verfasser identisch ist,
- die Benennung des/der Empfänger(s) *Receiver* des Dokuments,
- den Typ *Type* des Dokuments, ob es sich z.B. um einen Änderungsantrag oder eine regelmäßige Meilensteinkontrolle handelt,
- den Namen *Subject* des Bezugsobjektes, beispielsweise der Name des bearbeiteten Meilensteins oder Vorgangs,
- der Zeitpunkt *Received-On*, an dem der Prozeß der Informationsübermittlung angestoßen wird,
- den Zeitpunkt *Due-date*, bis wann eventuelle dokumentenrelevante Aufgaben zu erfüllen sind,
- den Status *State*, in dem sich der dokumentenspezifische Logistikfluß befindet,
- das Protokoll *Protocol* mit dem der dokumentenspezifische Informationsfluß gesteuert wird (siehe auch Kapitel 4.4.2),
- die standardisierte Dokumentenvorlage *Form*, die zur Bearbeitung eines Dokuments benötigt wird sowie
- den Kontrollstatus *Tag*, der besagt, ob die Bearbeitung des Dokuments schon einmal angemahnt wurde.

Strukturierte und unstrukturierte Projektinformationen

Für die Realisierung von TOPP lassen sich drei Klassen strukturierter Projektinformationen unterscheiden. Die erste Klasse beinhaltet Informationen als Ergebnis einer systemseitigen Planberechnung, wie beispielsweise einen Anfangszeitpunkt eines Vorgangs. Die zweite Klasse bilden strukturierte Informationen, die durch den Planer eingegeben werden, z.B. ein Teilprojektbudget. Unstrukturierte Informationen definieren die dritte Klasse. Stellvertretend dafür steht z.B. eine ausführliche Beschreibung eines zu erreichenden Ergebnisses. Über diese drei Informationstypen kann insbesondere die für das RPD typische enge Verknüpfung von Produktmodellierung und Projektdefinition über ein integriertes und semi-strukturiertes Dokument realisiert werden (siehe dazu auch IAM in Kapitel 3.3.3). Die Basis hierfür bildet ein gemeinsamer Informationsspeicher, auf den in Kapitel 5 eingegangen wird.

Von einer detaillierten Beschreibung der in TOPP verwendeten Dokumente wird an dieser Stelle abgesehen, da diese nicht nur vom jeweiligen Produkt sondern auch vom Projekttyp abhängig sind. So ist in Bild 32 ein Dokument zur Beschreibung eines spezifischen Meilensteins dargestellt.

4.5.2 Sprech-Akt theoretischer Ansatz für das Management der Informationslogistik

Die Steuerung der Logistik zum Austausch der Dokumente zwischen den kooperierenden Entwicklungsteams fußt auf einem Sprech-Akt-Modell. Für eine ausführliche Diskussion der Sprech-Akt-Theorie wird auf /38/, /178/ verwiesen. Hierbei orientiert sich der Informationsaustausch zwischen zwei Entitäten (Rechner oder Person) an der Struktur sprachlicher Konversationen oder sogenannten Sprech-Akten. Jeder Sprech-Akt läßt sich mit Hilfe illokutionärer Akte, die die Intention des Sprechers beschreiben, modellieren (siehe dazu Tabelle 16).

Illokutionärer Akt	**Beispiel**
Urteilssprechung (Assertionen)	schätzen, beurteilen, analysieren
Weisungen (Direktiven)	erinnern, erlassen, auffordern
Verpflichtungen	versprechen, schwören, zustimmen
Persönliche Meinung äußern	applaudieren, zusprechen, willkommen heißen
Deklarationen	bezeichnen, bestätigen, feststellen, vorschlagen

Tabelle 16: Illokutionäre Akte

Für die Nutzung dieses Ansatzes für die Informationslogistik wird das auf bilaterale Interaktionen ausgelegte Sprech-Akt-Modell um multi-laterale Interaktionen erweitert. Wesentliche Erweiterung ist die Rolle eines koordinierenden Dritten („3rd Party"), dem entsprechende Informationen weitergeleitet werden (siehe dazu Bild 33). Dies ist aufgrund der herrschenden Organisationsstrukturen innerhalb von Projektorganisationen gerechtfertigt. Entsprechend dieser Erweiterung wurden spezielle Protokolle für die Regelung der Informationslogistik entwickelt.

Die Protokolle sind in Bild 33 in einem integrierten Modell dargestellt. Die Modellierung erfolgt mit Petri-Netzen. Diese haben nicht nur den Vorteil, Vorgangszyklen diskreter Ereignisse, wie sie für Konversationen typisch sind, sondern auch logische Operationen wie UND und ODER abbilden zu können /119/. Für die Modellierung wird ein rechnergestütztes Programmpaket eingesetzt, so daß das Modell mittels Simulationsläufen auf seine Stimmigkeit überprüft werden kann. Diese Vorgehensweise wird auch von MALONE für die Darstellung der Kommunikationsstrukturen zwischen kooperierenden Personen bzw. Teams eingesetzt /102/.

Der Anwender kann nach Erstellung eines Dokuments für die Überbringung der Information aus drei Protokollalternativen (siehe Bild 33), die typisch für Produktentwicklungsprozesse sind, auswählen:

- Informieren*:* Ziel ist das Überbringen einer Information an einen (point-to-point) oder mehrere Adressaten (multi-cast), wobei kein Feedback durch den Empfänger erwartet wird (*Aufforderung (keine)*).
- Auffordern zum Lesen: Ziel ist die Sicherstellung, daß die Adressaten über einen Sachverhalt in Kenntnis gesetzt worden sind (*Aufforderung (Bestaetige Dok.Empfang)).*
- Auffordern zum Bearbeiten*:* Ziel ist die Einigung von Sender und Adressaten auf den Zustand eines gewissen Sachverhalts, wie er im Dokument beschrieben ist (*Aufforderung (Bestaetige Dok.Inhalt)).*

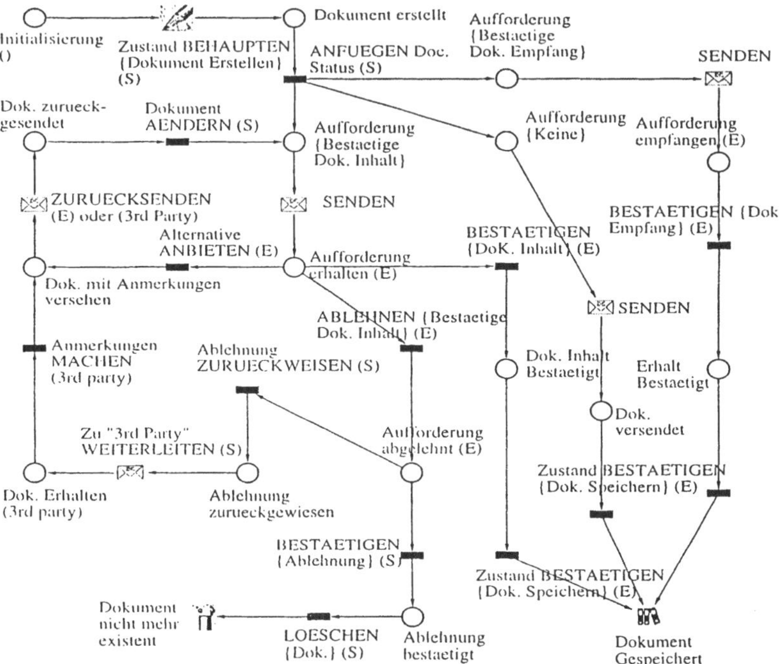

Bild 33: Standardisierte Protokolle zur Steuerung der Informationslogistik

Entsprechend den illokutionären Akten, wie sie zum Aufbau der Protokolle (siehe Bild 33) verwendet werden, können der oder die Empfänger nach einer *Aufforderung* durch *Bestaetigen* dieser nachkommen. Sie kann jedoch auch abgelehnt *(Ablehnen)* oder es können Gegenvorschläge *(Alternative Anbieten)* unterbreitet werden. In gewissen Fällen müssen durch den Sender bestimmte Zustände noch einmal rückbestätigt werden *(Bestaetigen)* oder, falls keine Einigung erzielt wurde, an eine koordinierende Stelle (*3rd* Party) weitergeleitet werden (*weiterleiten*).

TOPP ist so konzipiert, daß bestehende Protokolle systemseitig geändert, gelöscht oder erweitert werden können. Die Zuordnung der Protokolle auf die Dokumente erfolgt situationsspezifisch, wobei zur Erhöhung der Benutzerfreundlichkeit dokumentenspezifische Default-Einstellungen vorgegeben sind. Durch die Tatsache, daß das Protokoll ein fester Bestandteil des Dokuments ist, muß der initial durch den Sender festgelegte Informationsfluß beibehalten werden. Das Protokoll kann durch die Empfänger nicht geändert werden.

Neben dieser adaptiven Informationslogistik zum Management projektdefinierender Informationen wurde auch der Anforderung A13 Rechnung getragen. Die Kommunikation ist, wie es auch der Informationsaustausch anhand linguistischer Variablen darstellt, in einen geschichtlichen Gesamtzusammenhang zu bringen. Deshalb wird in TOPP für jeden initiierten Sprech-Akt eine Historienverwaltung geführt, die es dem Benutzer erlaubt, jeden Schritt des durchgeführten oder noch durchzuführenden Sprechakts zurückzuverfolgen. Diese Tatsache ist insofern für den Koordinator wichtig, als daß er sich über das bisher Geschehene sehr einfach ins Bild setzen kann.

Die Ausführungen verdeutlichen, daß ein integriertes Management aller planungsrelevanten Daten ein wichtiger Bestandteil bei der dezentralen Planung von Entwicklungsprojekten im RPD darstellt.

5 Softwaretechnische Realisierung

5.1 Architektur

Die Schaffung flexibler und dynamischer Anwendungssysteme ist vor allem mittels objektorientierter Techniken möglich /50/. Deshalb wurde für das entwikkelte System TOPP ein durchgängig objektorientiertes Konzept gewählt. In Bild 34 ist die Architektur des Systems schematisch dargestellt. Die nachfolgende Beschreibung der Einzelmodule fokussiert die maßgeblichen Objektklassen und Funktionen.

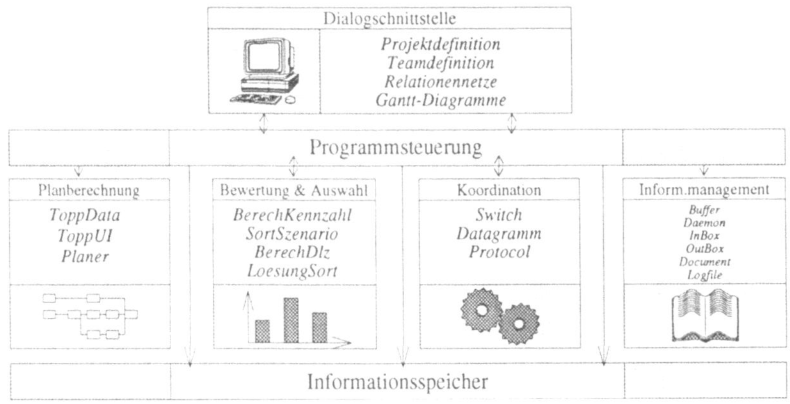

Bild 34: Architektur von TOPP

Die Beschreibung der Architektur fokussiert die funktionelle Darstellung der Module: *Planberechnung*, *Bewertung und Auswahl*, *Koordination* und *Informationsmanagement*. Stellvertretend steht die Programmsteuerung für die grundlegenden Funktionalitäten des Betriebssystems und dessen Dienste zur Realisierung verteilter Anwendungen. Das in Kapitel 5.2 skizzierte Datenmodell beschreibt die wichtigsten Objektklassen des Informationsspeichers. Der Grad und die Art der Integration von TOPP in eine Gesamtentwicklungsumgebung ist in Kapitel 5.3 dargestellt.

Planberechnungsmodul

Der ToppData-Prozeß verwaltet alle Vorgänge und Relationen des Relationennetzes und des fertigen Plans. Für jedes eigenverantwortlich planende Team gibt es einen ToppData-Prozeß. Dieser übernimmt ferner die Verwaltung der berechneten Pläne. Der *Planer* selbst umfaßt mehrere Einzelfunktionen. Die Funktionen *TransAllen* und *TransZeitpkt* ermöglichen die Umformung der Zeitintervallrelationenmenge in eine Zeitpunktrelationenmenge. Über die Funktion *DisjGraphAufbauen* und *EinfuegDisjMenge* wird ein Zeitgraph ohne die dazugehörige Abbildung auf die Zeitachse überführt. Sie sorgen für die Berechnung der logischen Abfolge der durch den Anwender definierten Vorgänge. Mit der Funktion *EinfuegDauer* wird die benötigte Gesamtzeit, die für die Abarbeitung aller Vorgänge nötig ist, festgestellt. Die Funktion *BestBewegung* integriert die dabei möglichen Pufferzeiten. Der *ToppUI*-Prozeß ist eine Sammelstelle aller Sichten auf den Datenraum der Anwendung TOPP. Dazu gehören die Ansichten zum Erstellen und Bearbeiten der Relationennetze, die Verwaltung und Auswahl der Teams und das Dokumentenmanagement.

Bewertungs- und Auswahlmodul

In diesem *M*odul erfolgt die Bewertung der im *Planer* berechneten Pläne sowie die Auswahl und Darstellung der jeweiligen Planungsszenarien. Die Funktion *BerechKennzahl* berechnet automatisch für alle Pläne die Kennzahlen. Nach dem gleichen Schema erlaubt die Funktion *BerechDlz* die Berechnung der Durchlaufzeit entsprechend dem gewählten Konsistenzkorridor. Die Funktion *SortSzenario* bestimmt die Rangordnungssummen sowie den euklidischen Abstand des Teilplanvektors zum Optimalvektor. Mittels *LoesungSort* kann die berechnete Rangfolge manuell durch den Planer umsortiert werden. Die berechneten Kennzahlen und Rangfolgen werden dann entsprechend der Benutzereingabe an die Programmsteuerung übermittelt, um anschließend im Datenbanksystem abgespeichert zu werden.

Koordinationsmodul

Die Klassen des Moduls *Koordination* regeln sowohl die Interaktion der jeweiligen Einzelmodule als auch die zugehörigen Datenbankabfragen. Der *Switch* stellt die zentrale Koordinierungsstelle dar. Jeder neu hinzukommende Planungsagent muß sich hier anmelden bzw. beim Beenden des Prozesses wieder abmelden. Den Aufbau der Verbindungen zwischen den im Projekt beteiligten Planungsagenten erfolgt über Datagramme. Sie enthalten neben dem Host und der Portnummer des Planungsagenten flexibel definierbare Datenfelder, die sowohl flache als auch hierarchische Daten übergeben können. Im Unterschied zu Pipes haben Datagramme den Vorteil, daß der Prozeß zum Zeitpunkt der Datenübergabe und dem Warten auf Anwort nicht abbricht. So kann beispielsweise ein Planungsagent gleichzeitig verhandeln und die Informationslogistik steuern. Ein Server steuert den Aufbau der Verbindungen zwischen den jeweiligen Agenten sowie deren Koordination und Synchronisation. Gleichzeitig regelt der Server die Schnittstelle zum Informationsspeicher. Für den Datenaustausch zwischen den Planungsagenten zur Verhandlung der Einzelpläne wurde ein spezielles Protokoll entwickelt. Es umfaßt sechs Nachrichtentypen:

- *Anfrage*: Ein Befehl, der von dem Empfängerprozeß beantwortet werden muß.
- *Antwort*: Zu einer *Anfrage* wird eine entsprechende *Antwort* gesendet.
- *Anweisung*: Ein Befehl an einen anderen Prozeß, der keines Ergebnisses oder keiner Antwort bedarf.
- *Callback*: Leitet Änderungen anderer Prozesse weiter.
- *Information*: Einmalige Benachrichtigung, die über allgemeine Prozeßzustände informiert.
- *Bestätigung*: Mit dem Nachrichtentyp *Bestätigung* wird der Empfang einer zuvor eingegangenen Nachricht bestätigt.

Informationsmanagementmodul

Der *Dokumanager* umfaßt sieben Hauptklassen. Die Klasse *Buffer* regelt die Informationslogistik der Dokumente. Hier speichert ein Puffer alle neu generierten Botschaften, welche die Metainformation über das generierte Dokument enthält. Mittels der Klasse *Daemon* wird der Puffer, der die neu hinzukommenden Daten enthält, in Sekundenabständen überwacht. Sofern eine Änderung erfolgt, wird die Übermittlung eines Signals an den jeweiligen Agenten veranlaßt. Die Repräsentation dieser Signale erfolgt über die Klassen *InBox* bzw. *OutBox*. Die Klasse *Document* regelt das Generieren und Löschen neuer Dokumente sowie die Definition der notwendigen Protokolle zur Steuerung der situationsspezifischen Dokumentenlogistik. Mittels der Klasse *Log-File* werden alle Operationen, die ein Dokument betreffen, aufgezeichnet.

Informationsspeicher

Bei der Anwendung eines Planungssystems entsprechend der Beschreibung aus Kapitel 4 ist eine große Anzahl von Informationen zu verarbeiten. Diese gilt es als formalisierten Datensatz abzuspeichern und zur Verfügung zu stellen. Zusätzlich sind ausreichende Datenaustauschraten anzustreben, um das System benutzerfreundlich zu gestalten. Es ist ein hohes Maß an Datensicherheit sowie ein dezentraler Zugriff auf die Daten notwendig. Dies begründet den Einsatz von Datenbanksystemen in der Informationsverarbeitung. Hierbei kommt der Modellierung der Datenstrukturen beim Systementwurf eine große Bedeutung zu /50/.

Für die Datenmodellierung wird ein objektorientierter Ansatz nach COAD und YOURDAN /30/ verfolgt. Die Vorteile objektorientierter Datenmodelle zur Realisierung technischer Informationssysteme gibt FISCHER /50/:

- Benutzernähe durch Abbildbarkeit des Gegenstandsbereichs,
- schnelle und einfache Durchführung von Änderungen im Datenbankdesign,
- geringer Verwaltungsaufwand durch Vermeidung von Redundanzen und Modularität sowie
- hohe Datensicherheit über das Kapseln der Daten.

Die Hauptklassen des entwickelten Datenmodells sind in Bild 35 dargestellt. In der Klasse *Projekt* werden Daten, die sich nur auf das Projekt beziehen, definiert. Die Klasse *Standardprojekt* als deren Unterklasse bildet die Grundlage für das Abspeichern von Standards. Sie erbt bis auf wenige Ausnahmen alle Attribute, die sich auf ein Projekt beziehen. Die Projektplanungselemente sind in den Klassen *Meilenstein, Aktion, Aktionstermin* und *Ergebnis* dargestellt. Dabei kann jeder Vorgang hierarchisiert werden sowie als Output mehrere Ergebnisse stellen. Dies wird in der zugehörigen 1:n Beziehung deutlich. Die Darstellung der zeitlichen Anordnung mittels Allen-Relationen erfolgt in der Klasse *Relation* über das Attribut *Typ.* Zur Planbewertung und -auswahl werden die Klassen *Plan, Planbewertung* und *Planauswahl* benötigt. Das Attribut *Bewertung* stellt das Ergebnis der Bewertung mittels der Kennzahlen dar.

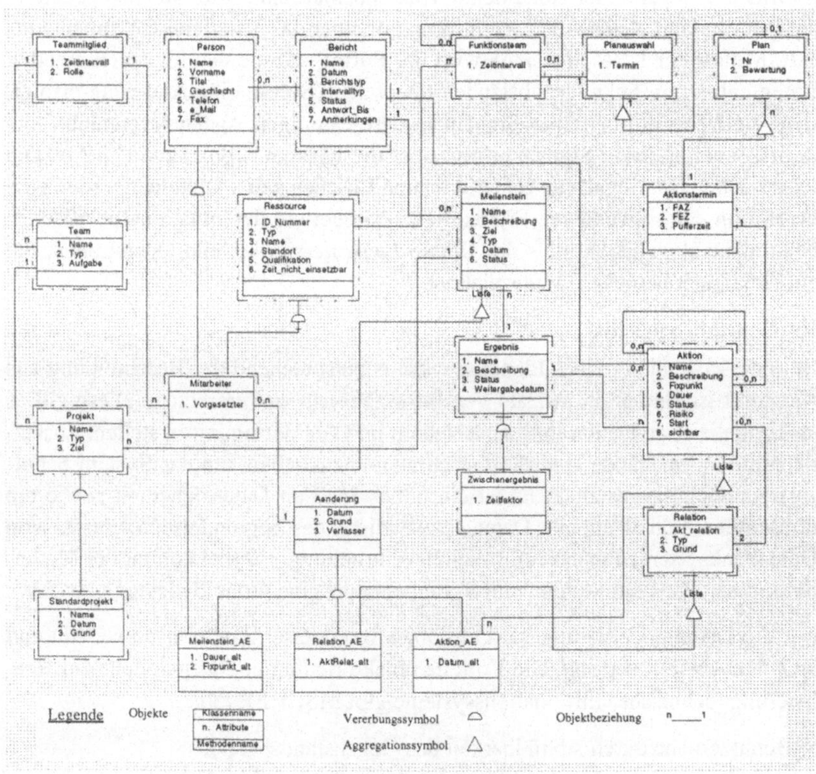

Bild 35: Wesentliche Objektklassen des Datenmodells

In der Klasse *Funktionstermin* wird durch die 1:1 Beziehung deutlich, daß immer nur eine Organisationseinheit für die letztendliche Planauswahl verantwortlich ist. Mittels der abstrakten Klassen *Aenderung* sowie deren Unterklassen *Meilenstein_AE, Aktion_AE* und *Relation_AE*, die alle Attribute von *Aenderung* erben, werden die Änderungen des Plans während der Projektdurchführung dokumentiert. Dabei wird jede Änderung mit dem jeweiligen Mitarbeiter über eine 1:n Beziehung in Verbindung gebracht. Die Klasse *Bericht* regelt das Management der Projektdokumentation, wobei für jedes Projektdokument wieder der jeweilige Verfasser über die Klasse *Person* und die entsprechende 1:n Beziehung identifiziert werden kann.

Über die Klasse *Ressource* sind die bei der Durchführung des Projekts beteiligten Ressourcen beschrieben. Mittels des Attributs *Typ* können unterschiedliche Ressourcentypen, wie Sach- oder Humanressourcen, unterschieden werden. Zugleich wird über die 1:n Beziehungen zwischen den Klassen *Team, Mitarbeiter, Teammitglied* und *Funktionsteam* deutlich, daß eine Ressource in unterschiedlichen Rollen (Attribut *Rolle* in Klasse *Teammitglied*) zu unterschiedlichen Teams zugeordnet sein kann. Eine vollständige Dokumentation der Objektklassen und eine Beschreibung der Coad-Yourdan-Modellierungsmethodik ist in Anhang C ersichtlich.

5.2 Systemintegration

Neben dem in Kapitel 3 beschriebenen Modell zur logischen Integration produkt- und projektdatengenerierender Prozesse, beschreibt das nachfolgende Kapitel Mechanismen zu deren datentechnischer Integration. Bei den Erzeugersystemen handelt es sich um produktdatengenerierende Systeme, wie z.B. ein CAD-System, sowie um teamorientierte Informations- und Kommunikationssysteme oder sogenannte CSCW[1]-Systeme. Letztere bieten die Möglichkeit, die für die Produktentwicklung wichtigen informellen Koordinationsprozesse sinnvoll zu unterstützen /22/, /98/. Für eine ausführliche Beschreibung existierender CSCW-Systeme sei an dieser Stelle auf die Arbeit von TEUFEL /157/ verwiesen.

Ausgangspunkt für die Anwendung von CSCW-Systemen in der Produktentwicklung, aus Sicht der Projekt- und Produktgestaltung, ist das Vorhandensein entsprechender Informationen über die am Prozeß beteiligten Personen. Dabei ist in den meisten Fällen ein Rollenmodell notwendig, welches Informationen wie *Name, Vorname, Standort, Rechte* etc. der Prozeßbeteiligten enthält (siehe auch Bild 35). Genau diese Informationen stellen die Nahtstelle zwischen TOPP und den entsprechenden Systemen dar. Das Attribut *Rolle* in der Klasse *Teammitglied* definiert personenspezifische Befugnisse und Informationen, um sie dann anderen Anwendungen zur Verfügung zu stellen, wie beispielsweise einem projektspezifischen Sessionmanager zur Regelung des synchronen Arbeitens.

1. CSCW: Computer Supported Cooperative Work

Die Integration produktdatengenerierender Systeme erfolgt mittels zweier Prinzipien. Zum einen ist das Dokumentationsmodul von TOPP so konzipiert, daß Teile der durch entsprechende Systeme, wie beispielsweise CAD, generierten Daten gelesen werden. So können diese Daten als Teil der Projektdokumentation aufgenommen und verwaltet werden. Wie in Bild 36 dargestellt, bezieht sich diese Integration nicht auf geometrische Daten, sondern auf die Attribute: *Name Bauteil, Teilestatus, Erstellungsdatum, Bearbeiter und Entwicklungstyp*, wie sie für das Beispiel CAD in der Klasse *Bauteil* modelliert sind. Ferner sind die Zielkostendaten in der Klasse *Zielkosten* repräsentiert, die im Rahmen des Projektmanagements einen Teil der Projektdokumentation bilden.

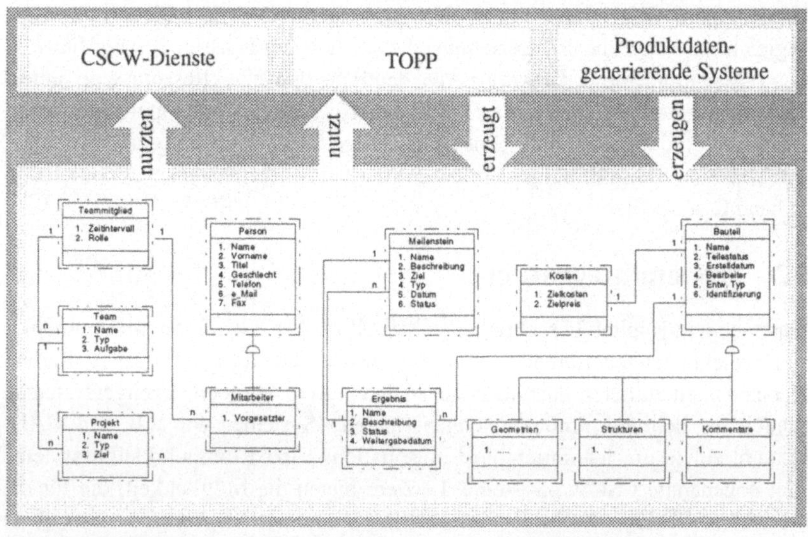

Bild 36: Datentechnische Integration aus Sicht der Projektdatengenerierung

Außerdem können die in der Planberechnung generierten numerischen Daten in das Dokumentationsmodul eingelesenen und interpretiert werden. Dies ist jedoch nur möglich, wenn Planungs- und Dokumentationsfunktionen auf die gleiche Datenbasis zugreifen. Zusätzlich wurden einfache Regeln wie `ON MODIFY Attributes Bauteil ACTION: „mail -s projektleiter@firma.de“` im Datenbankschema verankert. So können automatisch problemorientierte Botschaften über Electronic-Mail an alle Betroffenen überbracht werden.

Der in Bild 36 dargestellte Ausschnitt des Datenmodells verdeutlicht das erläuterte Integrationsprinzip, wie es in TOPP realisiert wurde.

5.3 Hard- und Softwareplattform

5.3.1 Hardwareplattform

Verwendet wurde eine SUN UltraSPARC Station mit 64 KB Hauptspeicher unter dem UNIX-Betriebssystem Sun Solaris 2.5.1. Dieses Betriebssystem bietet eine Vielzahl von Diensten wie Pipes, Sockets oder Signale, wie sie auch bei der Implementierung von TOPP Verwendung finden.

5.3.2 Softwareplattform

Die Benutzeroberfläche wurde mit Hilfe des Werkzeugs TK als Teil des frei erhältlichen Softwarepakets TCL/TK erstellt (siehe dazu auch /169/). Aufgrund der objektorientierten Struktur des Moduls i-TCL als Teil von TCL/TK, mit welchem die wesentlichen Teile der Objektklassen entwickelt wurden, ist die Schnittstelle zur Anbindung objektorientierter Datenbanksysteme mit verhältnismäßig geringem Aufwand zu realisieren. Eine Portierung auf andere Fenstersysteme und Zielumgebungen, wie z.B. Windows95, WindowsNT oder AppleMacIntosh ist durch die Verwendung von TCL/TK problemlos möglich. Die Algorithmenklasse des Planers wurde in C entwickelt.

6 Beispielhafte Anwendung

Die Anwendung des Systems erfolgt beispielhaft für die Neuentwicklung eines komplexen Serienprodukts bei einem Sitzhersteller für die Automobilindustrie. Das Produkt gliedert sich hierbei in die sechs Module: Rückhaltesystem, Sitzadapter, Positionseinsteller, Lehne und Kopfstütze. Für deren Entwicklung sind jeweils dezentral operierende Entwicklungsteams verantwortlich. Der Entwicklungsprozeß des Unternehmens ist durch den frühen und zahlreichen Einsatz von Prototypen geprägt und erhält so in weiten Teilen einen evolutionären Charakter. Der im folgenden dargestellte Geschäftsfall stellt den Aufbau und die Änderung eines Teilplans ohne zentrale Planungsinstanz in den Modulen *Lehne* und *Positionseinsteller* nach.

6.1 Planberechnung

Das terminliche Raster des Beispielprojekts liefert ein Rahmenterminplan (RTP), der durch ein zuvor gebildetes Kernteam gemeinsam mit der Geschäftsleitung erstellt wurde. Dieser RTP definiert Meilensteine 1. Ordnung, die sich an der Notwendigkeit zur Bereitstellung unterschiedlicher Prototypqualitäten des Gesamtsitzes orientieren. Der RTP umfaßt vier Meilensteine, die durch das Kernteam definiert und verantwortet werden. Über den Planungsagenten gibt das Kernteam den RTP ein. Dieser kann dann von allen Beteiligten eingesehen und benutzt, jedoch nicht verändert werden.

Somit können die Teams, welche für die Entwicklung der Lehne (kurz: Lehnenteam) und die Entwicklung des Positionseinstellers (kurz: P-Einstellerteam) starten, ihre Teilpläne dezentral zu erarbeiten. Beim dezentralen Aufbau der Relationennetze legen nun die Planer des Lehnenteams und des P-Einstellerteams die Vorgänge zur Entwicklung ihrer Module an. Einzugeben sind für jeden Vorgang, der nach Ansicht der Planer benötigt wird, der Name, die Dauer, die Verantwortlichkeiten, die Terminart (fix oder variabel), der Risikofaktor sowie die notwendigen Ressourcen. Stellvertretend für die Erstellung des Relationennetzes ist in Bild 37 der Vorgang *Entwicklung_Elektromotor* des P-Einstellerteams dargestellt.

Über die Allen-Relationen haben die Planer mit TOPP die Möglichkeit über einfache Start- und Schließbedingungen hinaus die logischen Verknüpfungen zwischen den Vorgängen sehr viel differenzierter abzubilden als mit traditionellen Netzplanverfahren. So kann beispielsweise die Parallelität der Vorgänge zur Durchführung der Materialtests (*Materialtest_LE_neu*) und der Erstellung eines Konzepts für den Lehneneinsteller (*LE_neu_Konzept*) über eine *overlaps*-Relation abgebildet werden (siehe Bild 38). Für den Fall, daß der Planer nicht genug

Informationen über das zu planende Teilprojekt hat oder Input durch andere Teilprojekte noch aussteht, können auch mehrere Relationen zwischen Vorgängen angegeben werden. Deshalb entschließt sich der Planer des P-Einstellerteams eine disjunktive *overlaps/before*-Relation zwischen den Vorgängen zur Durchführung der Materialtests und der Erstellung des Konzepts anzulegen (Bild 37).

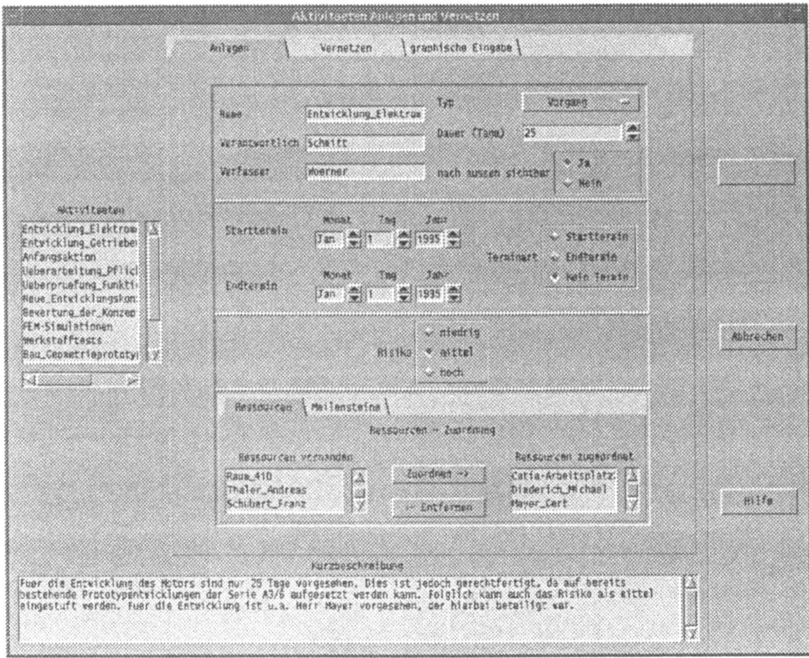

Bild 37: Fenster zur Definition von Vorgängen

Parallel zum Aufbau der Projektstruktur müssen sich beide Teilprojekte untereinander und mit dem existierenden RTP synchronisieren. Dazu nutzen sie neben speziellen Planungsworkshops und Abstimmungsgesprächen die Möglichkeiten von TOPP zum Setzen externer Relationen. So existiert aus Sicht des P-Einstellerteams eine externe *finishes*-Relationen zu *Simulationsmodell_erstellen,* einem Vorgang des Lehnenteams. Alle Relationen zu den Meilensteinen 1. Ordnung, wie beispielsweise *Prototyp1* oder *Prototyp2* werden auch als extern behandelt. Damit hat der Planer des P-Einstellerteams die Möglichkeit, schnell eine Übersicht über die Schnittstellen seiner Aufgabe zu bekommen. Gleichzeitig sehen die Verantwortlichen des Kernteams, welche Teams sich bereits mit dem RTP vernetzt haben. So gibt es zum Meilenstein *Prototyp2* vier Vorgänge, die bis auf eine Ausnahme über eine *before*-Relation verbunden sind. Eine Abbildung des gesamten Relationennetzes und des RTP für das Fallbeispiel stellt Bild 38 dar.

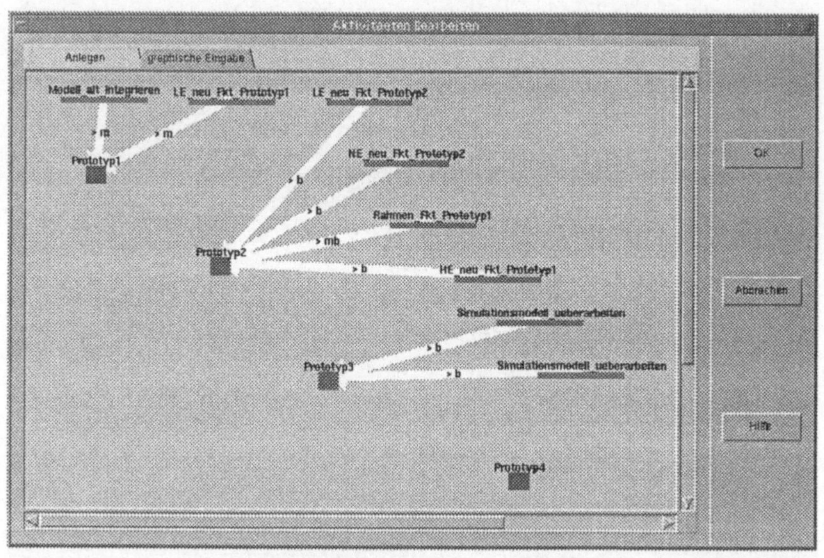

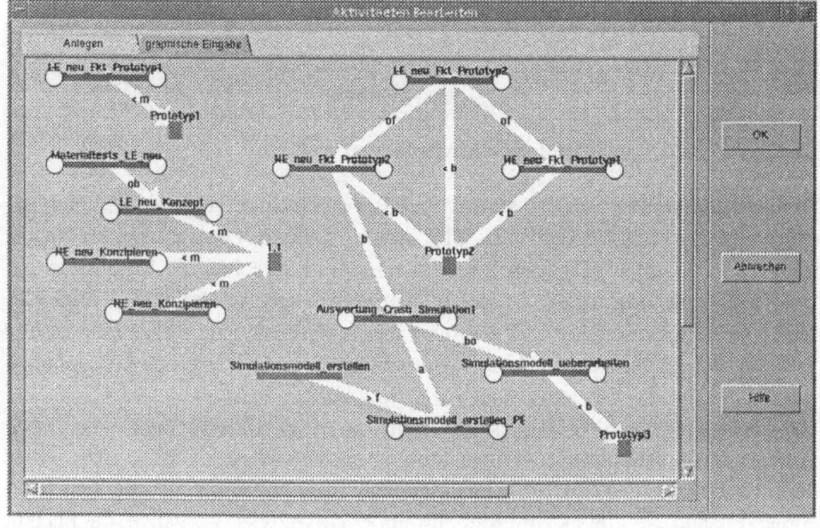

Bild 38: Dezentraler Aufbau von Teilplänen anhand definierter Rahmentermine

Der Aufbau des Relationennetzes mit TOPP verdeutlicht dessen Eignung für dezentrale Entwicklungsstrukturen. So unterstützt das System die vorgangsbezogene Vernetzung der Teilpläne untereinander. Bei den auf dem Markt befindlichen Projektmanagement-Systemen ist dies nur über die Bildung von Teilprojekthierarchien, die an einzelne Knoten im Masterplan geknüpft sind, möglich. Mit der Anwendung von TOPP bei der Projektplanung operieren die jeweiligen Teams, aufgrund der vorgangsbezogenen Vernetzung der Prozesse, immer mit den aktuellen Daten der Schnittstellen. Wenn sich nun der Termin des Meilensteins *Prototyp2* ändert, so kann dies bei allen betroffenen Teams sofort berücksichtigt werden.

Die Abschätzung der Vorgangsdauern und die logische Vernetzung zwischen den Vorgängen, die aufgrund der speziellen Randbedingungen von Entwicklungsprojekten einer hohen Dynamik unterworfen ist, erfolgt durch den Planer selbst.

Nach dem Aufbau und der Synchronisierung der Relationennetze (siehe Bild 38) kann der Planer des P-Einstellerteams auswählen, wie mit den zuvor definierten Schnittstellen zu dem Relationennetz des Lehnenteams und dem Rahmenterminplan umzugehen ist. Hierfür stehen zwei Optionen zur Verfügung:

- Eine rein opportunistische Planung, bei der während der Berechnung der Teilpläne keine externen, sondern ausschließlich interne Relationen berücksichtigt werden. Folglich sind alle potentiell auftretenden Konflikte mit dem Lehnenteam oder dem RTP über nachfolgende Verhandlungen zwischen den Verantwortlichen zu lösen. Der Vorteil ist, daß durch die reduzierte Anzahl zu berücksichtigender Randbedingungen die Menge der Lösungen steigt und der Anwender mehr potentielle Alternativen zur Auswahl hat. Nachteilig wirkt sich die hohe Anzahl von Lösungen aus, die für eine Verhandlung mit den anderen Teams wegen grundlegender Konflikte nicht mehr in Frage kommen.
- Eine beschränkt opportunistische Planung, bei der der Planer des P-Einstellerteams einen zeitlichen Korridor spezifiziert, in welchem externe Relationen für die Planberechnung zu berücksichtigen sind. Der Vorteil ist, wenn der Planungsagent eine Lösung berechnet hat, ist diese im gewählten Korridor konsistent und muß nicht verhandelt werden.

Aufgrund unvollständiger und fehlender Informationen, wie sie in frühen Phasen von Entwicklungsprojekten üblich sind, entscheidet sich der Planer des P-Einstellerteams (siehe Bild 39), den Konsistenzkorridor bis zum Meilenstein *Prototyp2* zu legen. Dies umfaßt auch den Meilenstein 2. Ordnung *Konzeptabstimmung_1.1*, der die Entwicklungskonzepte beider Teams synchronisiert.

Somit sind inkonsistente Schnittstellen zwischen den beiden Teams nach dem 16.8.1998 zulässig. Der Korridor ist zeitlich durchgängig zu wählen. Der dargelegte Mechanismus erlaubt dem P-Einstellerteam somit, trotz inkonsistenter oder unvollständiger Daten, seine Teilpläne problemlos aufzubauen.

Konsistenzkorridor

Name_MS	Termin	Typ_MS	Planstatus
Prototyp1	10.01.98	1	Ja
Konz.abstimmung(1.1)	10.03.98	2	Ja
Prototyp2	16.08.98	1	Ja
Prototyp3	05.03.99	1	Nein
Prototyp4	19.10.99	1	Nein

OK
Editieren
Abbrechen
Hilfe

Bild 39: Konsistenzkorridor

Damit sind die wesentlichen Eingaben für die nachfolgende Berechnung des Teilplans für das P-Einstellerteam getätigt. Der Planungsalgorithmus berechnet nun alle wahren Teilpläne anhand der gegebenen Randbedingungen. Für das P-Einstellerteam ergeben sich mit diesen Randbedingungen 32 mögliche Pläne. Stellvertretend dafür ist die Lösung eins in Bild 40 abgebildet.

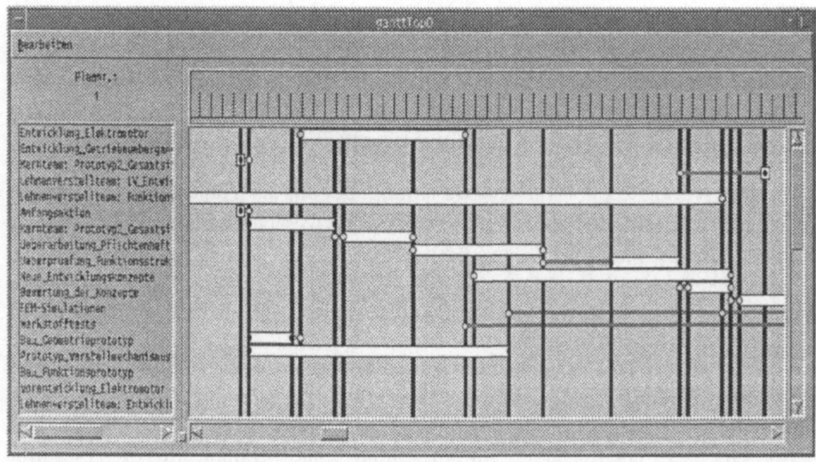

Bild 40: Möglicher Plan für das P-Einstellerteam

Im Gantt-Diagram sind die Schnittstellen zu anderen Teilplänen oder RTP über die Nennung des verantwortlichen Teams und, über einen Doppelpunkt getrennt, der Nennung des Vorgangsnamens visualisiert. So bekommt der Planer des P-Einstellerteams beispielsweise die externe Relation zur Erstellung des Funktionsprototypen im Lehnenteam angezeigt (*Lehnenverstellteam: Funktionsprototyp*).

6.2 Bewertung und Auswahl

Nach der Berechnung der Pläne erfolgt automatisch die Bewertung der generierten Einzelpläne anhand der Kennzahlen K1-K7. Für die 32 berechneten Lösungen des Fallbeispiels ergeben sich für die Kennzahlen die in Bild 41 dargestellten Werte. Die Pläne sind entsprechend des gewählten Szenarios in einer Reihenfolge sortiert (in der ersten Spalte *Platz* visualisiert).

Sortiert der Planer des Lehnenteams nach Szenario *Schnelligkeit*, so ist die Lösung eins am geeignetsten, da sie für K2 die besten Werte liefert (K1 ist für alle Pläne gleich). Der Planer entscheidet sich jedoch für die Strategie zur Generierung von Plänen mit einem möglichst geringen Koordinationsaufwand, da die Dauer des Prozesses durch die definierten Meilensteine gegeben ist. Hier sind K2 und K3 die bestimmenden Größen, und somit schneidet die vierte Lösung am besten ab.

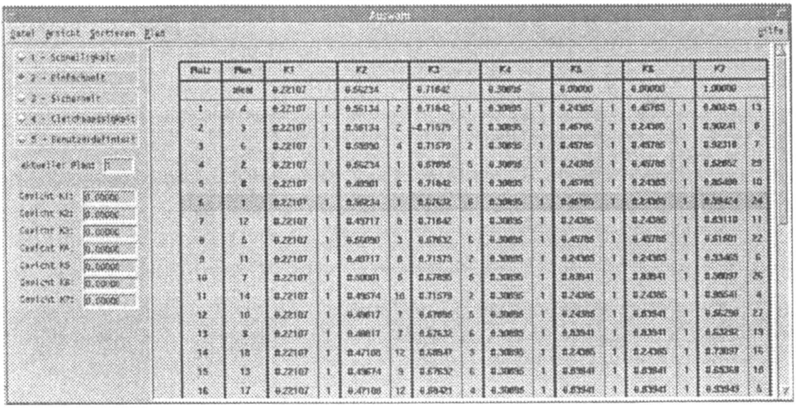

Platz	Plan	K1		K2		K3		K4		K5		K6		K7	
	Ideal	0.22107		0.56234		0.71642		0.30896		0.00000		0.00000		1.00000	
1	4	0.22107	1	0.56134	2	0.71642	1	0.30896	1	0.24385	1	0.45785	1	0.80245	13
2	3	0.22107	1	0.56134	2	0.71579	2	0.30896	1	0.45785	1	0.24385	1	0.30241	8
3	6	0.22107	1	0.50890	4	0.71579	2	0.30896	1	0.45785	1	0.45785	1	0.92318	7
4	2	0.22107	1	0.56234	1	0.67896	5	0.30896	1	0.24385	1	0.45785	1	0.52852	29
5	8	0.22107	1	0.49901	6	0.71642	1	0.30896	1	0.45785	1	0.24385	1	0.85498	10
6	1	0.22107	1	0.56234	1	0.67632	6	0.30896	1	0.45785	1	0.24385	1	0.39424	24
7	12	0.22107	1	0.49717	8	0.71642	1	0.30896	1	0.24385	1	0.24385	1	0.83110	11
8	5	0.22107	1	0.50890	3	0.67632	6	0.30896	1	0.45785	1	0.45785	1	0.51801	22
9	11	0.22107	1	0.49717	8	0.71579	2	0.30896	1	0.24385	1	0.24385	1	0.93465	6
10	7	0.22107	1	0.50001	5	0.67896	5	0.30896	1	0.83941	1	0.83941	1	0.38097	26
11	14	0.22107	1	0.49674	10	0.71579	2	0.30896	1	0.24385	1	0.24385	1	0.95541	4
12	10	0.22107	1	0.49817	7	0.67896	5	0.30896	1	0.24385	1	0.83941	1	0.56290	27
13	9	0.22107	1	0.49817	7	0.67632	6	0.30896	1	0.83941	1	0.83941	1	0.63292	19
14	18	0.22107	1	0.47108	12	0.68947	3	0.30896	1	0.24385	1	0.24385	1	0.73097	16
15	13	0.22107	1	0.49674	9	0.67632	6	0.30896	1	0.83941	1	0.83941	1	0.65368	18
16	17	0.22107	1	0.47108	12	0.68421	4	0.30896	1	0.83941	1	0.83941	1	0.93943	5

Bild 41: Kennzahlen und Szenarien

Somit kann der Planer nach den aktuellen Randbedingungen und der jeweiligen Prozeßsituation eine passende Auswahlstrategie wählen, um so den geeigneten Plan zu identifizieren. Um eine hohe Transparenz der Ergebnisse zu gewährleisten, ist in jeder Kennzahlenspalte zusätzlich der individuelle Rang jeder Lösung aufgetragen[1]. In der obersten Zeile der Ausgabetabelle sind die maximalen Werte der Einzelkennzahlen aufgetragen. Sie bilden die Koordinaten des Idealvektors.

1. Die Summe der individuellen Ränge ergibt die Gesamtreihenfolge.

Dieser wird im Falle der Gleichheit von Lösungen nach dem Auswahlprozeß anhand der in Kapitel 4.2 beschriebenen Methode herangezogen.

Das Fallbeispiel zeigt, daß mit TOPP ein Werkzeug zur Verfügung steht, welches einen zielführenden und transparenten Auswahlprozeß ermöglicht, welcher den Anforderungen komplexer Systeme entspricht.

6.3 Koordination der Einzelpläne

Nun können sich beide Teams unabhängig voneinander und ohne zentrale Instanz für eine der berechneten Lösungen, die sie als aktuelle Pläne verfolgen, entscheiden. Dies macht die Nutzung der zur Verfügung stehenden Überprüfungsfunktion nicht mehr notwendig. Sie kontrolliert die definierten, externen Relationen auf konsistente Anschlußbedingungen. Sind beispielsweise zwei Vorgänge über eine *before*-Relation verknüpft, so muß diese Relation nach der Planung noch gültig sein. Ferner können für alle nicht konfliktfreien Pläne die betreffenden Vorgänge, die inkonsistente Schnittstellen besitzen, visualisiert werden. So besteht die Option, mögliche Konflikte im Vorfeld dadurch zu lösen, daß die Bewegungsfreiheit der betreffenden Vorgänge in den anderen Teilplänen ausgeschöpft wird. Dabei werden alle konfliktbehafteten Vorgänge der anderen Planungsdomains in Intervallen auf den spätest möglichen Endzeitpunkt terminiert (SEZ). Anschließen werden die Relationen nochmals überprüft.

Der Planer des P-Einstellerteams erkennt nun nach acht Wochen, daß der aktuelle Plan aufgrund von Materialproblemen während der Konzeption des Getriebes nicht mehr durchführbar ist. Er entschließt sich deshalb, eine Planänderung durchzuführen. Nun besteht neben dem direkten Gespräch mit den Verantwortlichen des Lehnenteams die Möglichkeit, die Pläne des anderen Teams im Vorfeld zu visualisieren oder mögliche Änderungen im eigenen Plan hinsichtlich Auswirkungen auf die Schnittstellen zu prüfen. Die Überprüfungsfunktion ermöglicht, die im Lehnenteam erzeugten neuen Pläne auf Konsistenz mit den anderen Teilplänen zu testen und diese möglichen Lösungen gemeinsam quantitativ zu bewerten. Dazu werden die Kennzahlen der neu generierten Lösungen des P-Einstellerteams mit den Kennzahlen des verfolgten Plans des Lehnenteams und den zuvor generierten anderen Lösungen verglichen (siehe Bild 42).

Der Wert im unteren Teil des Fensters beschreibt die Differenz zum aktuell verfolgten Plan beim betroffenen Lehnenteam und die Differenz zur besten Lösung beim P-Einstellerteam, welches eine Änderung durchführen möchte.

Während der Verhandlungen zwischen den Verantwortlichen des Lehnenteams und des P-Einstellerteams wird deutlich, daß der zuvor definierte Meilenstein *Konzeptabstimmung_1.1*, der auf den 10.3.98 terminiert war, und die Erstellung der Konzepte von Lehne und Positionseinsteller synchronisiert um zwei Wochen nach hinten verschoben werden müssen.

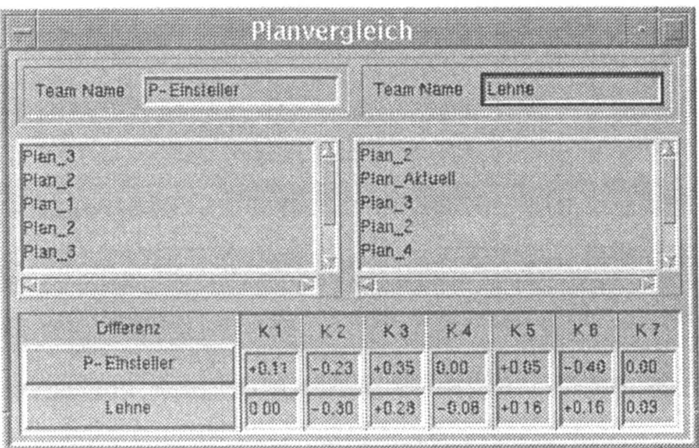

Bild 42: Bewertung potentieller Lösungen zwischen Teams

Mit TOPP haben die beteiligten Entwicklungsteams die Möglichkeit, Planänderungen ohne eine zentrale Instanz einzuleiten und abzuwickeln. Die Problemlösungszeiten zur Findung abgestimmter Teilpläne werden dadurch reduziert, daß Entscheidungswege verkürzt, mögliche Alternativen vorab getestet und mögliche Kompromisse quantifiziert werden können. Zudem können durch das Visualisieren der Schnittstellen eines jeden Vorgangs und die damit verbundene Überprüfung des aktuellen Standes Verzögerungen im Vorfeld erkannt und gelöst werden.

6.4 Management von Planungsinformation

Im dargestellten Fall hat nun das P-Einstellerteam als verantwortliche Instanz für den Meilenstein *Konzeptabstimmung_1.1* die Aufgabe, die verhandelte Änderung in den Plänen zu dokumentieren und an alle Beteiligte weiterzuleiten.

Dafür stehen dem Anwender die Funktionalitäten des integrierten Dokumentenmanagements zur Verfügung. Der Planer ändert über TOPP im Meilensteinkontrollfenster den Termin des Meilensteins entsprechend den abgesprochenen Änderungen. Diese Änderung wird innerhalb des Systems über zwei Wege an die Beteiligten weitergeleitet.

So sehen alle betroffenen Teams den geänderten Termin beim Öffnen der jeweiligen Gantt-Diagramme, da alle Planungsagenten auf die gleiche Datenbasis zugreifen. Zudem versendet der initiierende Planer das gesamte Dokument, welches die Änderung beschreibt und somit nachvollziehbar macht, an alle Beteiligten über einen zuvor definierten Verteiler. Im gezeigten Fall soll der Inhalt des Dokuments (*Bestaetige Inhalt*) von allen bestätigt werden (siehe Bild 43), da die vorherige Verhandlung nur mit dem direkt über definierte Schnittstellen verbundenen Team, dem Lehnenteam, geführt wurde.

Das in Bild 43 dargestellte Überwachungsfenster dient dabei sowohl der Visualisierung zu bearbeitender Anfragen (oberer Teil des Fensters) als auch der Kontrolle versandter Anfragen bzw. Aufforderungen (unterer Teil des Fensters). Für den Anwendungsfall hat das P-Einstellerteam den 22.12.97 als Termin zur Bearbeitung angegeben. Verstreicht die Bearbeitungsfrist für eine Aufforderung, so generiert das System einen dokumentenspezifischen Reminder, welcher dem Betroffenen Gelegenheit gibt, eine selbstgewählte Bearbeitungsfrist einzutragen. Über den Button *Historie* kann der Anwender das Entstehen und die hinzukommenden Änderungen eines jeden Dokuments mitverfolgen. Dies ist wichtig, um sich in einen Prozeß einzubinden. Ferner ist dadurch ein Mechanismus gefunden, der Änderungen dokumentiert und nachvollziehbar macht.

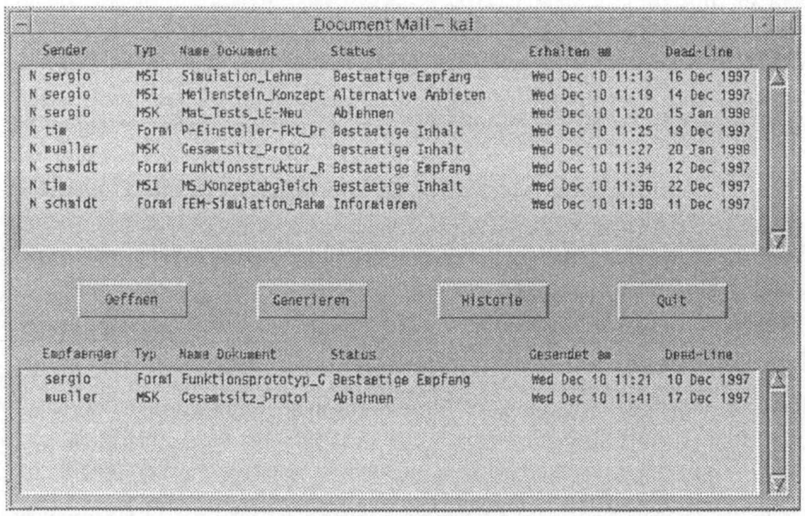

Bild 43: Kontrollfenster für versendete und empfangene Dokumente

Das Fallbeispiel verdeutlicht, daß mit TOPP eine an die speziellen Randbedingungen und Anforderungen des RPD angepaßte Planung möglich ist. Gleichzeitig erleichtert die Anwendung des Systems die Erstellung und Findung geeigneter Pläne durch den gezeigten modellbasierten Ansatz unter Nutzung von Kennzahlen und Szenarien.

7 Zusammenfassung und Ausblick

Das Ziel der vorliegenden Arbeit war es, ein im Hinblick auf das Rapid Product Development (RPD) angepaßtes Planungssystem zu entwerfen und prototypisch zu implementieren. Dabei stand die Problematik der Dezentralisierung von Planungsaufgaben und der damit verbundenen engen Vernetzung von projekt- und produktdatengenerierenden Prozessen im Vordergrund. Ferner galt es dem evolutionären Charakter des Entwicklungsprozesses und den damit verbundenen Auswirkungen auf die Planungsaufgabe bei der Konzeption des Systems Rechnung zu tragen. Dieses Ziel wurde durch die Entwicklung des teamorientierten Planungssystems TOPP erreicht.

Der Stand der Forschung wurde daraufhin untersucht, inwieweit die existierenden Systeme in dezentralen Organisationsstrukturen einsetzbar sind. Ferner wurde analysiert, wie die heutigen Systeme den Planer bei der Bestimmung von Vorgangsketten situativ unterstützen sowie den Typ der Entwicklungsaufgabe bei der Planung berücksichtigen. Ergebnis der Untersuchung war, daß Verfahren aus der Verteilten Künstlichen Intelligenz prinzipiell geeignet sind. Die existierenden Lösungen sind jedoch für das RPD aus zahlreichen Gründen nicht anwendbar. Dies liegt an der mangelnden Ausdrucksfähigkeit bei der Darstellung von zeitlichen Abhängigkeiten zwischen Vorgängen und den meist regelbasierten Koordinationsmechanismen der Planungsagenten. Gleichfalls erfährt der Planer bei der Berechnung und Auswahl einer Vorgangsfolge entsprechend spezieller situativer Anforderungen nur unzureichend Unterstützung. Eine integrierte Erfassung und Nutzung aller planungsrelevanten Informationen bietet keines der untersuchten Systeme.

Aufbauend auf den speziellen Randbedingungen des RPD, Untersuchungen in der Praxis sowie Literaturrecherchen wurde ein Referenzmodell des Gegenstandsbereichs *Planung der Neuentwicklung eines technischen Produkts* erarbeitet. Anhand des Modells wurden die grundlegenden Systemfunktionen abgeleitet. Ferner stellt es die Rahmenbedingungen des Gegenstandsbereichs dar, um so die zu realisierenden Planungsfunktionen zielführend zu konzipieren.

Zur Darstellung zeitlicher Abhängigkeiten zwischen Vorgängen verwendet TOPP das Zeitrelationen-Modell von ALLEN. Dadurch kann die Qualität der Planrepräsentation entscheidend verbessert werden. Die Darstellung von Schnittstellen zwischen Teams erfolgt vorgangsbezogen. So lassen sich abhängige Prozesse, die durch dezentral operierende Teams geplant und durchgeführt werden, differenziert vernetzen. Die Bestimmung der endgültigen Vorgangsfolge in den einzelnen Teams erfolgt zweistufig. Zuerst berechnet das System alle wahren Pläne des jeweiligen Lösungsraums. Ziel war hier, dem Planer die Chance zu eröffnen, eine möglichst große Anzahl von Planalternativen anzubieten, um so die beste Lösung auswählen zu können. In einem zweiten Schritt werden alle berechneten Lösungen anhand von sieben planungsspezifischen Kennzahlen bewertet. Fünf Planungsszenarien, denen unterschiedliche Planungsstrategien zugrunde liegen, unterstützen den Planer bei der Auswahl des zu verfolgenden Plans. Hierdurch wurde ein Beitrag zur Reduzierung der Aufgabenkomplexität bei der Planung von Neuentwicklungen geleistet.

Um die dezentral zu erstellenden Einzelpläne in allen Projektphasen zu koordinieren, stellt TOPP verschiedene Koordinationsmechanismen zur Verfügung. So können Einzelvorgänge, welche die einzelnen Teams verantworten, vernetzt werden. Diese Vernetzung erfolgt nicht automatisch, sondern durch die jeweiligen Experten. Dadurch werden Abstimmungsprozesse zwischen den Teams notwendig, die aktiv zur Koordination der Einzelprozesse beitragen. Parallel stellt das System drei Meilensteinqualitäten zur Verfügung. Es lassen sich damit Meilensteine definieren, die für alle Projektbeteiligten gelten. Ein anderer Meilensteintyp ist nur für eine beschränkte Anzahl von Teams gültig. Durch die Einführung von Konsistenzkorridoren kann der Anwender ferner wählen, bis wann die zu planende Vorgangsfolge, bezüglich der definierten Schnittstellen zwischen den Entwicklungsteams, konsistent sein muß.

Der gesamte Planungsprozeß wird parallel durch Systemfunktionalitäten zum integrierten Management aller planungsrelevanten Informationen unterstützt. Die Verwendung von semi-strukturierten Dokumenten erlaubt die Verarbeitung numerischer und alpha-numerischer Daten. Es können so berechnete Vorgänge oder Meilensteine mit Zusatzinformationen versehen werden, die später durch eine Systemfunktion interpretiert werden können. Um den Informationsfluß entsprechend flexibel zu gestalten, übernehmen in TOPP sprech-akt-basierte Modelle dessen Steuerung.

Für die prototypische Implementierung des Planungssystems wurde die objektorientierte Programmiersprache TCL/TK verwendet. Dies erlaubt zum einen die problemlose Erweiterung des Systems. Zum anderen läuft dadurch das System auf wesentlichen Plattformen, einer der entscheidenden Voraussetzungen zum Betrieb verteilter Anwendungen in dezentralen Organisationsstrukturen.

Das abschließende Fallbeispiel beschrieb die Planänderung im Rahmen der Neuentwicklung eines komplexen Serienprodukts bei einem Systemzulieferer in der Automobilindustrie. Damit wird sowohl der Nachweis für die grundsätzliche Eignung des Werkzeugs bei der Unterstützung der Entwicklungsplaner zur raschen und zielorientierten Generierung von Plänen als auch zu deren Koordination in dezentralen Strukturen erbracht. Es wurde gezeigt, welche Dialogabläufe für die Planänderung nötig sind, auf welche Weise der Benutzer das System auf die Entwicklungssituation abstimmen kann und wie semi-strukturierte Dokumente und Botschaften zur Koordination von kooperierenden Organisationseinheiten beitragen.

Das in dieser Arbeit prototypisch implementierte Werkzeug TOPP kann infolge seiner objektorientierten Struktur und der damit verbundenen hohen Integrations- und Anpassungsfähigkeit gemeinsam mit einem entsprechenden EDM- und PPS-System zu einem durchgängig integrierten Systemverbund aufgebaut werden.

Eine Erweiterung der Funktionalitäten von TOPP um eine integrierte Produkt- und Projektdatensemantik ist vor allem aus Sicht der iterativen Prozeßführung im RPD sinnvoll. Damit können, falls es gelingt, entsprechende Regeln zu finden und zu formulieren, anhand von Änderung des bestehenden Produktmodells Aussagen über den etwaigen Aufwand getroffen werden. Um ferner den Planungsaufwand zu verringern, ist die Entwicklung und Integration standardisierter Teilprozesse hilfreich. So kann der Aufbau von Relationennetzen bzw. die Änderung bestehender Pläne effizient unterstützt werden. Für die Nutzung von TOPP in einer Multiprojekt-Umgebung ist der Ausbau der Ressourcenplanungsfunktionalitäten notwendig. So kann der Austausch von Ressourcen zwischen Teams oder deren gemeinsame Nutzung zielführend koordiniert werden. Hierzu sind jedoch im Vorfeld grundlegende Konzepte zu erarbeiten, wie mit beschränkten Ressourcen in dezentralen Entwicklungsstrukturen zu verfahren ist.

Zudem ist die Erweiterung von TOPP um ein Modul zur systematischen Unterstützung von Lernprozessen, insbesondere vor dem Hintergrund der Planung komplexer Systeme, vielversprechend.

8 Schrifttum

/1/ Adam, D.: Planung und Entscheidung: Modelle-Ziele-Methoden, 3. Aufl. Wiesbaden: Gabler Verlag, 1993.

/2/ Agha, G. A.; Hewitt, C.: Concurrent Programming Using Actors. In: 5th Conf. on Foundations of Software Technology and Theoretical Computer Science. Berlin u.a.: Springer Verlag, 1985, S. 10-34.

/3/ Allen, J. F.: Planning as Temporal Reasoning. In: KR'91: Principles of Knowledge Representation and Reasoning. San Mateo: Morgan Kauffmann Publishers, 1991, S. 114-129.

/4/ Allen, J. F.; Yampratoom, E.: Performance of Temporal Reasoning Systems. In: Sigart Bulletin 4 (1993) Nr. 3, S. 26-29.

/5/ Allen, T.; Lee, D.; Tushmann, M.: R&D Performance as a function of internal communication, project management and the nature of work. In: IEEE Transactions on Engineering Management 33 (1986) Nr. 4, S. 212-217.

/6/ AMIES Consortium (Hrsg.): Deliverable TA2 - Report on Subtask A2 des BriteEuram Projekts AMIES BRE2 CT92-0194 (unveröffentlicht). 1993.

/7/ Balck, H.: Thesen zur Neuorientierung im Projektmanagement. In: Neuorientierung im Projektmanagement/Balck, H. (Hrsg.). Köln: Verlag TÜV Rheinland, 1990, S. 21-29.

/8/ Balck, H.: Networking und Projektorientierung. Berlin, u.a.: Springer, 1996.

/9/ Beck, C.: Interorganisationales Projekt-Management - eine alternative Kooperationsform. Hamburg, Univ. der Bundeswehr, Diss., 1994.

/10/ Bender, B.; Tegel, O.; Beitz, W.: Teamarbeit in der Produktentwicklung. In: Konstruktion 48 (1996) Nr. 3, S. 73-76.

/11/ Beensen, R.: Organisationsprinzipien - Untersuchungen zu Inhalt, Ordnung und Nutzen einiger Grundlagen der Organisationslehre. Berlin u.a.: Springer, 1969.

/12/ Berndes, S.; Stanke, A.: Concurrent/Simultaneous Engineering am Beispiel der Loewe Opta. Das Projekthandbuch (PHB) - Ein Werkzeug zur Sammlung, Auswertung und Dokumentation relevanter Daten in F&E Projekten. In: 4. CAD-Tag. 10.11.1994 in Chemnitz, 1994.

/13/ Bleicher, K.: Zur Zentralisation und Dezentralisation von Entscheidungsaufgaben der Unternehmung. In: Die Unternehmung 23 (1969), S. 123-139.

/14/ Bleicher, K.: Das Konzept des integrierten Managements, 2. Aufl. Berlin, u.a.: Springer, 1992.

/15/ Bochtler, W.: Modellbasierte Methodik für eine integrierte Konstruktion und Arbeitsplanung. Aachen: Shaker Verlag, 1997. Zugl. Aachen, RWTH, Diss., 1996 .

/16/ Boddy, M.: Temporal Reasoning for Planning and Scheduling. In: Sigart Bulletin, 4 (1993) Nr. 3, S. 17-20.

/17/ Boehm, B. W.: A Spiral Model of Software Development and Enhancement. In: Software Risk Management/Boehm, B. W. (Hrsg.). Washington: IEEE Computer Society Press, 1989.

/18/ Bronstein, I. N.; Semendjaev, K. A.: Taschenbuch der Mathematik. Frankfurt a. M.: Verlag Harri Deutsch, 1989.

/19/ Bullinger, H. J.; Warschat, J.; Wörner, K; Wißler, K.: Rapid Product Development. In: VDI-Z 138 (1996) Nr. 5, S. 38-45.

/20/ Bullinger, H. J.; Wörner, K; Warschat, J.: Informationstechnische Unterstützung für die Planung von Entwicklungsprojekten in dezentralen Organisationsstrukturen. In: Industrie Management 12 (1996) Nr. 6, S. 56-61.

/21/ Bullinger, H. J.: Kapazitätsplanungssystem für den Unternehmensbereich Entwicklung und Konstruktion. Stuttgart, Univ., Diss, 1974.

/22/ Bullinger, H. J.; Wißler, K.; Wörner, K.: Rapid Product Development. In: FB/IE 45 (1996) Nr. 2, S. 67-73.

/23/ Bullinger, H. J.; Warschat, J.: Concurrent Simultaneous Engineering System - CONSENS. Berlin u.a.: Springer, 1996.

/24/ Bullinger, H. J.; Hase, B.; Fischer, D.: Kundenorientierte Entwicklung. Stuttgart: IRB Verlag, 1996.

/25/ Burghardt, M.: Projektmanagement. München: Siemens AG Abteilungs Verlag, 1988.

/26/ Callahan, J.; Ramakrishnan, S.: Software for Project Management and Measurement on the World-Wide-Web (WWW). In: 5th Workshop on Enabling Technologies: Infrastructure for Collaborative Enterprises (WET-ICE), 19.-21.6.1996 in Stanford. 1996, S. 156-161.

/27/ Chapmann, D.: Planning for Conjunctive Goals. In: Artifical Intelligence 32 (1987) Nr. 3, S. 333-340.

/28/ Chen, P. P.: The Entity Relationship Approach to System Analysis and Design. Amsterdam: North Holland Publishers, 1980.

/29/ Cleetus, K. J.; Cascaval, G. C.: PACT - A Software Package to Manage Projects and Coordinate People. In: 5th Workshop on Enabling Technologies: Infrastructure for Collaborative Enterprises (WET-ICE). 19.-21.6.1996 in Stanford. 1996, S. 162-163.

/30/ Coad, P.; Yourdan, E.: Object-Oriented Analysis. London: Prentice Hall Int. Inc., 1990.

/31/ CONSENS Consortium (Hrsg.): Deliverable E 5.2 des Esprit Projekts CONSENS EP 6896 (unveröffentlicht). 1993.

/32/ Currie, K.; Tate, A.: O-Plan: The Open Planning Architecture. In: Artificial Intelligence 36 (1991) Nr. 1, S. 49-86.

/33/ Daenzer, W. F.: Systems Engineering. 5. Aufl. Zürich: Verlag Industrielle Organisation, 1987.

/34/ Dean, B. V.; Denzeler, D. R.; Watkins, J. J .: Multiproject Staff Scheduling with Variable Resource Constraints. In: IEEE Transactions in Engineering Management 39 (1992) Nr. 1, S. 59-71.

/35/ Debus, F.: Ansatz eines rechnergestützten Planungsmanagements für die Planung in verteilten Strukturen. Karlsruhe, Univ., Diss., 1994.

/36/ DeMarco, T.: Structured Analysis and System Specification. New Jersey: Yourdon Press, 1979.

/37/ De Michelis, G.; Grasso, M. A.: Situating Conversations within the Language/Action Perspective. The Milan Conversation Model. In: ACM Conference on Computer-Supported-Cooperative Work. 22.-26.10.1994 in Chapel Hill, USA. 1994, S. 89-99.

/38/ Dietz, J. L. K.; Widdershoven, G. A. M.: Speech-Acts or Communicative Action. In: 2nd European Conf. on Computer-Supported-Cooperative-Work. 25.-27.9.1991 in Amsterdam, Holland/Bannon, L.; Robinson, M.; Schmidt, K.(Hrsg.), 1991, S. 235-249.

/39/ DIN (Hrsg.): DIN 19226, Teil 1, Regelungstechnik und Steuerungstechnik - Allgemeine Grundbegriffe. Berlin: Beuth-Verlag, 1994.

/40/ DIN (Hrsg.): DIN 69901: Projektwirtschaft, Projektmanagement, Begriffe. Berlin: Beuth Verlag, 1987.

/41/ Dittmar, J.; Scholl, K.; Marx, P.; Koch, U.; Kempf, M.; Wörner, K.: Integration von Zeit, Kosten und Qualität als Regulativ im Produktentwicklungsprozeß. In: FB/IE 46 (1997) Nr. 3, S. 10-13.

/42/ Dörner, D.: Die Logik des Mißlingens. Hamburg: Rowohlt, 1989.

/43/ Durfee, E. H.; Lesser, V. R.: Negotiating task decomposition and allocation using partial global plans. In: Distributed Artificial Intelligence/ Huhns, F.; Gasser, L. (Hrsg.). San Mateo, Californien: Morgan Kauffmann Publ., 1989, S. 176-189.

/44/ Ehrlenspiel, K.: Integrierte Produkterstellung, Organisation-Methoden-Hilfsmittel; Münchner Kolloquium 1991, IWB Institut für Werkzeugmaschinen und Betriebswissenschaften, TU München, 1991.

/45/ Eisenhardt, K.; Tabrizi, B. N.: Accelerating Adaptive Processes: Product Innovation in the Global Computer Society. In: Administrative Science Quarterly 40 (1995) Nr.1, S. 84-110.

/46/ Eppinger, S. D.; Whitney, D. E.; Smith, R. P.; Gebala, D. A.: A model-based method for organizing tasks in product development. In: Research in Engineering Design 9 (1994) Nr. 1, S. 1-13.

/47/ Esser, U.: Gruppenarbeit: Theorie und Praxis betrieblicher Problemlösegruppen. Opladen: Leske und Budrich Verlag, 1992.

/48/ Eversheim, W.; Bochtler, W.; Gräßler, R.; Laufenberg, L.: Simultaneous Engineering auf der Basis prozeßorientierter Strukturmodelle. In: Management und Computer 5 (1990) Nr. 3, S. 165-173.

/49/ Eversheim, W.; Bochtler, W.; Laufenberg, L.: Simultaneous Engineering, Berlin u.a.: Springer, 1995.

/50/ Fischer, D.: Entwicklung eines objektorientierten Informationssystems zur optimierten Werkstoffauswahl. Berlin u.a.: Springer, 1995. Zugl.: Stuttgart, Univ. Diss., 1994.

/51/ Fischer, J.; Möcklinghoff, M.: Computerunterstützung kooperativen Arbeitens im Forschungs- und Entwicklungsbereich. In: Information Management 17 (1994) Nr.1, S. 46-52.

/52/ Fischer, K.; Heimig, I.; Kocian, C.; Müller, J. P.: Intelligente Agenten für das Management virtueller Unternehmen. In: Information Management 19 (1996) Nr. 1, S. 38-45.

/53/ Fraunhofer-Gesellschaft (Hrsg.): Handbuch Qualitätssicherung, 1. Auflage, 1994.

/54/ Fricke, G.; Lohse, G.: Entwicklungsmanagement. Berlin u.a.: Springer, 1997.

/55/ Fröhner, K.-D.; Lorani, A.: Personenbezogene Bestimmungsgrößen in der Produktentwicklung. In: VDI-Z 138 (1996) Nr. 5, S. 30-34.

/56/ Gaitanidis, M.: Prozeßorganisation - Entwicklung, Ansätze und Programme prozeßorientierter Organisationsgestaltung. München: Verlag F. Vahlen, 1983.

/57/ Gerevini, A.; Schubert, L.: An Efficient Method for Managing Disjunctions in Qualitative Temporal Reasoning. In: 4th International Conference on Principles of Knowledge Representation and Reasoning. 24.- 27. 5.1994 in Bonn/Doyle, J.; Snadewall, E.; Torasso, P. S. (Hrsg.). 1994, S. 214-225.

/58/ Genesereth, M. R.; Ketchpel, S. P.: Software Agents. In: Communications of the ACM 20 (1994) Nr. 7, S. 48-53.

/59/ Goldmann, S.: A Project Management Tool of Concurrent Planning and Design. In: 5th Workshop on Enabling Technologies: Infrastructure for Collaborative Enterprises (WET-ICE). 19.-21.6.1996 in Stanford. 1996, S. 177-183.

/60/ Gomper, P.; Schmidt, C.; Weinhardt, C.: Synergie und Koordination in dezentral planenden Organisationen. In: Wirtschaftsinformatik 38 (1996) Nr. 3, S. 299-307.

/61/ Grabowski, H.; Anderl, R.; Polly, A.: Integriertes Produktmodell. Berlin: Beuth Verlag, 1993.

/62/ Grossmann, C.: Komplexitätsbewältigung im Management. St. Gallen, ESG, Diss., 1992.

/63/ Haberfellner, R.: Systems Engineering. Zürich: Verlag Industrielle Organisation, 1992.

/64/ Hacker, W.; Heisig, B.; Hinton, J.; Teske-El Kodera, S.; Wiesner, B.: Planende Handlungsvorbereitung. In: Forschungsberichte TU Dresden Band 3/Hacker, W.: Günther, M. (Hrsg.). 1994.

/65/ Halpin, T. A.; Nijssen, G. M.: Conceptual Schema and Relational Database Design - A Fact Oriented Approach. Sydney, USA: Prentice Hall, 1989.

/66/ Hayes-Roth, B.; Hayes-Roth, F.: A Cognitive Model of Planning. In: Cognitive Science 3 (1979) Nr. 2, S. 275-310.

/67/ Henke, A.: Scheduling Space Shuttle Missions using object-oriented techniques. In: AI Expert 10 (1994) Nr. 3, S. 16-24.

/68/ Herzberg, J.: Planen - Einführung in die Planerstellungsmethoden der Künstlichen Intelligenz. Mannheim: BI Wissenschaftsverlag, 1989.

/69/ Hesse, W.; Weltz, F.: Projektmanagement für die evolutionäre Softwareentwicklung. In: Information Management 17 (1994) Nr. 3, S. 20-32.

/70/ Hichert, R.: Stufenweise Ableitung eines praktischen Planungssystems für den Entwicklungsbereich. Mainz: Krausskopf Verlag, 1978. Zugl.: Stuttgart, Univ., Diss., 1979.

/71/ Hirschbiegel, K.; Lauer, B.: Software für Projektmanager. In: wt 85 (1995) Nr. 1, S. 113-117.

/72/ Horvath, P.: Controlling. 6. Aufl. München: Campus Verlag, 1997.

/73/ Horvath, P.: Selbstorganisation und Controlling. In: Führungskräfte und Führungserfolg/Krystek, U.; Link, J. (Hrsg.). München: Gabler Verlag. 1995, S. 257-267.

/74/ ISO 10303-1, 1994 Product Data Representation and Exchange - Part 1: Overview and Fundamental Principles.

/75/ ISO 10303-11, 1994 Product Data Representation and Exchange - Part 11: The EXPRESS Language Reference Manual.

/76/ Kassel, S.: Multiagentensysteme als Ansatz zur Produktionsplanung und -steuerung. In: Information Management 18 (1996) Nr. 1, S. 46-50.

/77/ Kautz, H. A.: A Formal Theory of Plan Recognition and its Implementation. In: Temporal Reasoning and Planning/Morgan, M. B.; Overton, Y. (Hrsg.). San Mateo, Californien: Morgan Kauffmann, Publ. 1991, S. 69-126.

/78/ Kehr, J.: Rechnergestützte Projektplanung mit unscharfen Angaben in der Auftragsabwicklung. Hamburg, Univ. der Bundeswehr, Diss., 1995.

/79/ Kerzner, H.: Project Management: A Systems Approach to Planning, Scheduling and Controlling. New York: Van Nostrand Reinhold, 1994.

/80/ Kieser, A.; Kubicek, H.: Organisation, 3. Aufl. Berlin: de Gruyter, 1992.

/81/ Kirn, S.: Kooperierende intelligente Agenten in virtuellen Organisationen. In: Handbuch der modernen Datenverarbeitung (HMD)-Theorie und Praxis der Wirtschaftsinformatik 185 (1995) S. 24-36.

/82/ Kirn, S.: Kooperativ-Intelligente Software Agenten. In: Information Management 18 (1996) Nr. 1, S. 18-28.

/83/ Klittich, M.; Neuscheler, F.: Ist die Zeit reif für CIMOSA? In: CIM Management 25 (1994) Nr. 6, S. 17-21.

/84/ Komarnicki, J.: Simulationstechnik. Düsseldorf: VDI-Verlag, 1980.

/85/ Korn, G.: Management Decision Support Tool. In: Concurrent Simultaneous Engineering System - CONSENS/Bullinger, H. J.; Warschat, J. (Hrsg.). Berlin u.a.: Springer, 1996.

/86/ Kosiol, E.: Organisation der Unternehmung, 2. Aufl. Wiesbaden: Gabler Verlag, 1976.

/87/ Krackhardt, D.; Hanson, J. R.: Informelle Netze - Die heimlichen Kraftquellen. In: Harvard Business Manager 37 (1994) Nr. 1, S. 16-24.

/88/ Krallmann, H.: Methoden und Ansätze zur Modellierung einer CIM-Architektur. In: Produktionsforum '88 - Die CIM-fähige Fabrik/Spur (Hrsg.). Berlin u.a.: Springer, 1988.

/89/ Krallmann, H.; Boekhoff, H.; Bogdany, C.: Multiagentensysteme für die technologische Unterstützung der lernenden Organisation. In: Lernende Organisationen/Bullinger H. J. (Hrsg.). Stuttgart: Schäffer-Poeschel Verlag, 1996, S. 257-266.

/90/ Krause, F. L.; Golm, F.: Kennzahlengetriebene Optimierung von Entwicklungsprozessen. In: ZWF-CIM 90 (1995) Nr. 7-8, S. 372-375.

/91/ Krause, F. L.; Jansen, H.; Kiesewetter, T.: Verteilte, kooperative Produktentwicklung. In: ZWF-CIM 91 (1996) Nr. 4, S. 147-151.

/92/ Kusiak, A.; Park, K.: Concurrent Engineering: Decomposition and Scheduling of Activities. In: Int. Journal for Production Research 28 (1990) Nr. 10, S. 1883-1900.

/93/ Kwong, C: Representing Time. In: Approaches to Knowledge Representation: An Introduction/Ringland G. A.; Duce, D. A. (Hrsg.). Letchworth, England: Research Studies Press LTD. 1993, S. 189-206.

/94/ Laufenberg, L.: Methodik zur integrierten Projektgestaltung für die situative Umsetzung des Simultaneous Engineering. Aachen: Shaker Verlag, 1995. Zugl.: Aachen, RWTH, Diss., 1995.

/95/ Lesser, V. R.; Corkill, D. D.: The Distributed Vehicle Monitoring Testbed: A Tool for Investigating Distributed Problem Solving Networks. In: AI Magazine 4 (1983) Nr. 6, S. 15-33.

/96/ Levi, P.: Planen für autonome Montageroboter. Berlin u.a.: Springer Verlag, 1988.

/97/ Linner, S.: Konzept der integrierten Produktentwicklung. München, TU., Diss., 1995.

/98/ Lullies, V.; Bollinger, H.; Weltz, F.: Wissenslogistik. Frankfurt a. M.: Campus Verlag, 1993.

/99/ Luczak, H.; Klaus, M.: Auftragsabwicklung in der Konstruktion. In: FB/IE 45 (1996) Nr. 3, S. 119-123.

/100/ Madauss, B. J.: Handbuch Projektmanagement. Stuttgart: Schäfer-Poeschel Verlag, 1990.

/101/ Malik, F.: Strategie des Managements komplexer Systeme. 3. Aufl. Bern: Haupt Verlag, 1989.

/102/ Malone, T.; Crowston, K.: The Interdisciplinary Study of Coordination. In: ACM Computing Surveys 26 (1994) Nr. 1, S. 87-119.

/103/ Marcial, F.: Entwicklung von Datenmodellen für ein objekt-orientiertes Engineering Data Management System zur Unterstützung von teamorientierten Organisationsformen. Stuttgart, Univ. Diss., 1997.

/104/ Martial, F.: Planen in Multi-Agenten Systemen. In: Verteilte Künstliche Intelligenz/Müller, J. (Hrsg.). Mannheim: BI Wissenschaftsverlag, 1993, S.81-112.

/105/ Minsky, M.: The Society of Mind. New York: Basic Books Publishers, 1986.

/106/ Müller, G.: Entwicklung einer Systematik zur Analyse und Optimierung des EDV-Einsatzes im planenden Bereich. Aachen, RWTH, Diss., 1992.

/107/ Müller, J.: Verteilte Künstliche Intelligenz. Mannheim: BI Wissenschaftsverlag, 1993.

/108/ Nebel, B.; Bürckert, H. J.: Reasoning About Temporal Relations: A Maximal Tractable Subcall of Allen's Interval Algebra. In: Journal of the Association for Computing Machinery 42 (1995) Nr. 1, S. 43-66.

/109/ Newell, A.; Shaw, J. C.; Simon, H. A.: Report on General Probem Solving Program. In: International Conference on Information Processing. 12.-14. 6.1995 in Paris. 1959, S. 256-264.

/110/ Nii, H. P.: Blackboard Systems. In: AI Magazine 7 (1986) Nr. 4, S. 38-45.

/111/ N. N.: CIMOSA: Open System Architecture for CIM. 2nd revised and extended Edition/ESPRIT Consortium Amice (Hrsg.). Berlin u.a.: Springer Verlag, 1994.

/112/ Ochs, B.: Methoden zur Verkürzung der Produktentstehungszeit. München u.a.: Hanser Verlag, 1992. Zugl.: Berlin, TU, Diss., 1992.

/113/ Ohlendorf, G.: MARS - Ein Scheduling Werkzeug. In: Künstliche Intelligenz 13 (1993) Nr. 4, S. 61-64.

/114/ Page-Jones, M.: Praktisches DV-Projektmanagement. München u.a.: Hanser Verlag, 1991.

/115/ Pagnoni, A.: Project Engineering - Computer-Oriented Planning and Operational Decision Making. Berlin u.a.: Springer, 1990.

/116/ Partoni, F. Y.; Burton, J.: Timing of Monitoring and Control of CPM Projects. In: In: IEEE Transactions in Engineering Management, 40 (1993) Nr. 1, S. 68-75.

/117/ Patzak, G.: Systemtechnik - Planung komplexer innovativer Systeme. Berlin, u.a.: Springer, 1982.

/118/ Pelavin, R. N.: Planning with simultaneous Actions and External Events. In: Temporal Reasoning and Planning/Morgan, M. B.; Overton, Y. (Hrsg.). San Mateo, Californien: Morgan Kauffmann Publishers. 1991, S. 127-212.

/119/ Petri, C. A.: Ansätze zur Organisationstheorie rechnergestützter Informationssysteme. In: Berichte der GMD. München, u.a.: Oldenbourg Verlag, 1988.

/120/ Petrie, C. J.; Cutkosky, M.: Design Space navigation as a collaborative aid. In: Artificial Intelligence in Design/Gero, J.; Sundweeks, F. (Hrsg.). New York: Kluver Academic Publishers, 1994, S. 156-168.

/121/ Picot, A.; Reichwald, R.; Nippa, M.: Zur Bedeutung der Entwicklungsaufgabe für die Entwicklungszeit. In: zfbf (1988) Sonderheft 23, S. 112-137.

/122/ Platz, J.; Schmelzer, H. J.: Projektmanagement in der industriellen Forschung und Entwicklung. Berlin u.a.: Springer, 1986.

/123/ Porter, M. E.: Wettbewerbsvorteile. Frankfurt a. M.: Campus Verlag, 1996.

/124/ Probst, G.: Selbstorganisation. In: Handwörterbuch der Organisation. 3. Aufl./Frese, E. (Hrsg.). Stuttgart: Teubner, 1992.

/125/ Raasch, J.: Systementwicklung mit strukturierten Methoden: Ein Leitfaden für Praxis und Studium; 3. Aufl. München u.a.: Hanser Verlag, 1993.

/126/ REFA (Hrsg.): Planung und Steuerung, Teil 5: Planung und Steuerung von Kosten und Investitionen. München: Hanser Verlag, 1991.

/127/ Rettig, M.; Simons, G.: A Project Planning and Development Process for Small Teams. In: Communications of the ACM 36 (1993) Nr. 10, S. 45-55.

/128/ Rickert, D.: Multi-Projektmanagement in der industriellen Forschung und Entwicklung. Darmstadt: Deutscher Universitätsverlag, 1994. Zugl.: Darmstadt, Univ. Diss., 1994.

/129/ Riehle, H.-G.: Systemtechnik in Betrieb und Verwaltung: Teil 1 - Grundlagen und Methoden. Düsseldorf: VDI-Verlag, 1978.

/130/ Rinza, P.: Projektmanagement - Planung, Überwachung und Steuerung von technischen und nicht-technischen Vorhaben. 2. Aufl. Düsseldorf: VDI-Verlag, 1985.

/131/ ROCHADE Consortium (Hrsg.): Deliverable 1 des Esprit Projekts ROCHADE EP 22995 (unveröffentlicht). 1997.

/132/ Rosenschein, S.; Genesereth, M.; Ginsberg, M.: Cooperation without Communication. In: Automation and Artificial Intelligence/Ginsberg (Hrsg.).1986, S. 51-57.

/133/ Ross, D. T.: Applications and Extensions of SADT. In: IEEE Computer Interaction 14 (1985) Nr. 4, S. 25-34.

/134/ Sacerdoti, E. D.: Planning in a Hierarchy of Abstraction Spaces. In: Artificial Intelligence 5 (1974) Nr. 4, S. 115-135.

/135/ Sachse, P.; Hacker, W.: Unterstützung des Denkens und Handelns beim Konstruieren durch Prototyping. In: Konstruktion 49 (1997) Nr. 4, S. 12-16.

/136/ Saretz, B.; Entwicklung einer Methodik zur Parallelisierung von Planungsabläufen. Aachen: Shaker Verlag, 1993. Zugl.: Aachen, RWTH, Diss., 1993.

/137/ Sauerbrey, G.: Die betriebliche Organisation unter dem Aspekt der Zentralisation und Dezentralisation von Aufgaben. Würzburg, Univ. Diss., 1979.

/138/ Sathi, A.; Morton, T.; Roth, S. F.: CALLISTO: An Intelligent Project Management System. In: AI Magazine 7 (1986) Winter, S. 34-51.

/139/ Schelle, H.; Schub, A.: Projektmanagement. München, u.a.: Hanser Verlag, 1979.

/140/ Schierenbeck, H.: Grundzüge der Betriebswirtschaftslehre. 12. Aufl. München, u.a.: Oldenbourgh, 1995.

/141/ Schnäkel, H. J.: Development of an interactive window based project management handbook. In: 11. GPM Jahrestagung 1994/Gesellschaft für Projektmanagement INTERNET Deutschland e. V. (Hrsg.). 1994, S. 113-117.

/142/ Schott, E.: Einsatz von Internet in der Projektarbeit. In: Projektmanagement-Tag '97. 11. November 1997 in Wien. 1997, S. 1-21.

/143/ Schrader, S.; Riggs, W. M.; Smith, R. P.: Choice over ambiquity in technical problem solving. In: Journal of Engineering and Technology Management 10 (1993) Nr. 2, S. 73-99.

/144/ Schulz, V.: Projektkostenschätzung. München: Gabler Verlag, 1995.

/145/ Schumann, G.: Adaptive Planung des Produktentwicklungsprozesses. München, u.a.: Hanser Verlag, 1994. Zugl: München, TU, Diss., 1994.

/146/ Siegwart, H.: Produktentwicklung in der industriellen Unternehmung. Bern: Verlag Paul Haupt, 1989 .

/147/ Shoham, Y.: Chronological Ignorance: An Experiment in Nonmonotonic Temporal Reasoning. In: Readings in Nonmonotonic Reasoning/ Ginsberg, M. L. (Hrsg.). San Mateo, Californian: Morgan Kauffmann, Publishers. 1984, S. 396-409.

/148/ Stefik, M.: Planning and Meta - Planning (MOLGEN: Part 1&2). In: Artificial Intelligence 16 (1981) Nr. 2, S. 111-170.

/149/ Steward, D.V.: The Design Structure System: A Method for managing the Design of Complex Systems. In: IEEE: Transactions on Engineering Management 28 (1981) Nr. 3, S. 71-74.

/150/ Stillmann, J.; Arthur, R.; Deitsch, A.: Tachyon: A constraint based reasoning model and it's implementation. In: Sigart Bulletin 4 (1993) Nr. 3, S. T1-T4.

/151/ Stuffer, R.: Planung und Steuerung der Integrierten Produktentwicklung. München, Wien: Hanser Verlag, 1994. Zugl: München, TU, Diss., 1994.

/152/ Suhl, L.: Computer aided scheduling: an airline perspective. Wiesbaden: Deutscher Universitäts Verlag, 1995.

/153/ Süssenguth, W.: Methoden zur Planung und Einführung rechnerintegrierter Produktionsprozesse. München: Hanser Verlag, 1991. Zugl: München, TU, Diss., 1991.

/154/ Tabe, T.; Chikara, T.; Taguchi, Y.: Project Development Staff-Decision-Support System for Software Development. In: HCI Conference on Design of Computing Systems. 24.-28.8.1997 in San Francisco, USA. 1997, S. 577-580.

/155/ Takeuchi, H.: Das neue Produktentwicklungsspiel. Holistische Methoden lösen das sequentielle Projektmanagement ab. In: Harvard Manager Innovationsmanagement (1986) Band 1, S. 100-107.

/156/ Teichrow, D.; Herskey, E.; Bastarache, M. A.: An Introduction to PSL/PSA. In: ISDOS working paper No 86, Ann Arbor University Michigan, 1974.

/157/ Teufel, S.: Computerunterstützung für die Gruppenarbeit. Bonn: Addison-Wesley, 1995.

/158/ Ulich, E.: Arbeitspsychologie. 2. Aufl. Stuttgart: Schäffer Poeschel, 1992.

/159/ Ullmann, F.; Jansen, M.; Forchert, C. E.: Projektmanagement bei Entwicklungsvorhaben. In: ZWF-CIM 89 (1994) Nr. 1-2, S. 67-69.

/160/ Ulrich, K. T.; Eppinger, S. D.: Product Design and Development. New York: McGraw-Hill, 1995.

/161/ Ulrich, H.; Probst, G.: Anleitung zum ganzheitlichen Denken und Handeln. Bern: Haupt Verlag, 1984.

/162/ Van der Aalst, W. M. P.: Petri net based scheduling. In: OR Spektrum 23 (1996) Nr. 18, S. 219-239.

/163/ von Reibnitz, U.: Szenario-Technik. Wiesbaden: Gabler Verlag, 1992.

/164/ VDI (Hrsg.): VDI-Richtlinie 2221: Methodik zum entwickeln und konstruieren technischer Systeme und Produkte. 2. Aufl. Düsseldorf: VDI-Verlag, 1993.

/165/ VDI (Hrsg.): VDI-Richtlinie 5005: Softwareergonomie in der Bürogestaltung. Düsseldorf: VDI-Verlag, 1990.

/166/ Wagner, J.: Wissensbasierte Planung für die Unikatfertigung. In: Objektorientierte Informationssysteme: 1. IAO-Forum, Stuttgart, 8. Juni 1993/Bullinger, H. J. (Hrsg.). Stuttgart: IRB Verlag, 1993, S. 159-176.

/167/ Ward, A.; Liker, J. K.; Cristiano, J. J.; Sobek, D., K.: The second Toyota Paradox: How Delaying Decisions Can Make Better Cars Faster. In: Sloan Management Review 37 (1995) Nr. 1, S. 43-61.

/168/ Warschat, J.; Wasserloos, G.: Simultaneous Engineering - Strategie zur ablauforganisatorischen Straffung des Entwicklungsprozesses. In: FB/IE 40 (1991) Nr. 1, S.22-27.

/169/ Welch, B. B.: Practical Programming in Tcl and TK. London: Prentice Hall Int. Inc, 1995.

/170/ Weltz, F.; Ortmann, G.: Das Softwareprojekt. Frankfurt a. M.: Campus Verlag, 1992.

/171/ Westkämper, E.; Laucht, O.: Dezentralität als Basisprinzip zeitgemäßer Unternehmensorganisation - Teil 1: Gestaltungsregeln und Strukturen. In: wt 84 (1994) Nr. 5, S. 421-425.

/172/ Westkämper, E.; Handke, S.; Lohse, A.; Sixt, A.: Dezentrale Organisations- und Planungsstrukturen für Großprojekte. In: zwf 92 (1997) Nr. 1-2, S. 22-25.

/173/ Wheelwright, S. C.; Clark, K. B.: Revolution der Produktentwicklung. Frankfurt a. M.: Campus Verlag, 1994.

/174/ Wildemann, H.: Organisation und Projektabwicklung für das Just-In-Time-Konzept in F&E und Konstruktion (Teil 1). In: zfo 19 (1994) Nr. 1, S. 128-133.

/175/ Wildemann, H.: Organisation und Projektabwicklung für das Just-In-Time-Konzept in F&E und Konstruktion (Teil 2). In: zfo 19 (1994) Nr. 2, S. 27-32.

/176/ Wilensky, R.: A Model for Planning in Complex Situations. In: Cognition and Brain Theory 4 (1981) Nr. 5, S. 327-349.

/177/ Wilkins, D. E.: Domain Independent Planning - Representation and Plan Generation. In: Artificial Intelligence 22 (1986) Nr. 9, S. 269-278.

/178/ Winograd, T.: A Language/Action Perspective on the Design of

Cooperative Work. In: Human Computer Interaction 4 (1987) Nr. 3, S. 3-30.

/179/ Winograd, T.; Flores, F.: Understanding Computers and Cognition. Norwood: Ablex Verlag, 1988.

/180/ Zangemeister, C.: Nutzwertanalyse in der Systemtechnik. Eine Methode zur multidimensionalen Bewertung und Auswahl von Projektalternativen. 3. Aufl. München: Wittmannsche Buchhandlung, 1973.

/181/ Zimmermann, H. J.; Gutsche, L.: Multi-Criteria Analyse: Einführung in die Theorie der Entscheidungen bei Mehrfachzielsetzungen. Berlin u.a.: Springer, 1991.

/182/ Zimmermann, H. J.: Fuzzy Technologien: Prinzipien, Werkzeuge, Potentiale. Düsseldorf: VDI Verlag, 1993.

A Referenzmodell

Projektdefinierende Aktivitäten

Entwicklungsteams koordinieren

- Vorgehensziele und Restriktionen Projekt definieren
  - Leistungsziele definieren
  - Rahmenvorgaben aufnehmen
  - Einsatzmittel und Restriktionen definieren
  - Zeitliche Ziele und Restriktionen definieren
- Projektorganisation definieren
  - Organisationsmodell auswählen
  - Organisationsstruktur definieren
  - Primäre Leitungspositionen besetzen
    - Projektleiter benennen
    - Kernteam identifizieren und benennen
    - Sonstige Leitungspositionen benennen
  - Projektunterstützende Gremien festlegen
- Synchronisationspunkte definieren
  - Meilensteine terminieren
    - Archivinformationen suchen
    - Meilensteine 1. Ordnung terminieren
    - Meilensteine 2. Ordnung terminieren
  - Rahmenterminpläne erstellen
    - Rahmenterminpläne 1. Ordnung erstellen
    - Rahmenterminpläne 2. Ordnung erstellen
- Gesamtprojektstruktur bilden
  - Gesamtaufgabe in Teilprojekte strukturieren
  - Ergebnisse je Teilprojekt identifizieren
  - Budgetierung je Teilprojekt durchführen
  - Konfigurationsmanagement definieren
    - Konfigurationsmanagement Produktgestaltung definieren
    - Konfigurationsmanagement Projektgestaltung definieren
    - Projektspezifische Richtlinien definieren
  - Kommunikationswege aufbauen
    - IT-Infrastruktur konfigurieren
    - Besprechungsstruktur definieren
  - Projektgruppe offiziell bekanntgeben
- Teilprojekte synchronisieren
  - Meilensteine 1. Ordnung abstimmen
  - Meilensteine 2. Ordnung abstimmen
  - Teilprojektpläne mit Rahmenterminplänen abstimmen
- Schnittstellen zwischen Entwicklungsteams definieren
  - Schnittstellen identifizieren und klären
  - Auszutauschende End-/Zwischenergebnisübergabe identifizieren
  - End-/Zwischenergebnisübergabe terminlich festhalten
  - Vorgehensweise zur Fortschrittsüberwachung klären
  - Informationsträger bestimmen

Ergebnisse Teilprojektplanung abstimmen
- Planungsergebnisse austauschen
- Mittelbare Kunden-Lieferantenbeziehung überprüfen
- Zielkonflikte Teilpläne identifizieren
- Zielkonflikte Teilpläne lösen

Management von Planungsinformationen

Berichtswesen aufbauen
- Archivinformationen suchen
- Berichtsstruktur festlegen
- Verfahrensweise Berichterstattung festlegen
- Richtlinien zur Berichterstattung festlegen
- Verteiler festlegen
- Testlauf durchführen
- Adressenpool aufbauen

Projektspezifische Konventionen festlegen
- Archivinformationen suchen
- Begriffe und Benennungen festlegen
- Methodenstandards festlegen

Meilensteine inhaltlich festlegen und beschreiben
- Archivinformationen suchen
- Meilensteine 1. Ordnung inhaltlich festlegen
- Meilensteine 2. Ordnung inhaltlich festlegen
- Meilensteine 3. Ordnung inhaltlich festlegen
- Personifizierte Verantwortlichkeiten je Meilenstein festlegen

Vorgänge beschreiben
- Archivinformationen suchen
- Ergebnisse je Vorgang beschreiben
- Zwischenergebnisse je Vorgang identifizieren und beschreiben
- Risiken identifizieren und beschreiben
- Personifizierte Verantwortlichkeiten je Ergebnis festlegen

Ressourcenbezogene Informationen beschreiben
- Qualifikation beschreiben
- Ressource lokalisieren
- Kostensatz ermitteln
- Weisungsbefugnisse Linie identifizieren

Projekt Planen

Aufbauorganisation implementieren
- Leiter untergeordneter Entwicklungsteams bestimmen
- Teammitglieder engagieren
- Verantwortung der Aufgabenträger definieren

Teilprojektstrukturen bilden
- Randbedingungen aufnehmen
- Archivinformationen suchen
- Teilprojekte strukturieren
- Rahmenterminplan Teilprojekt erstellen
  - Meilensteine 3. Ordnung terminieren
  - Meilensteinpläne 3. Ordnung erstellen

- Vorgänge identifizieren
    - Ergebnisse je Arbeitspaket identifizieren
    - Logische Zusammenhänge zwischen Vorgängen identifizieren
    - Informationsträger benennen

Interne und Externe Relationen zwischen abhängigen Vorgängen setzen

- Teilprojektinterne Relationen zwischen Vorgängen identifizieren
- Interne Relationen zwischen Vorgängen setzen
- Teilprojektinterne Relationen zwischen Vorgängen und Meilensteinen identifizieren
- Interne Relationen zwischen Vorgängen und Meilensteinen setzen
- Teilprojektexterne Relationen zwischen abhängigen Vorgängen setzen
- Teilprojektexterne Relationen zwischen Vorgängen und Meilensteinen identifizieren
- Externe Relationen zwischen Vorgängen und Meilensteinen setzen

Aufwandsschätzung und Ressourcenplanung durchführen

- Archivinformationen suchen
- Zeitbedarf für Ergebnis abschätzen
- Ressourcenbedarf ermitteln
    - Qualitativer und Quantitativer Personalbedarf je Ergebnis ermitteln
    - Sachmittelbedarf ermitteln
    - Fremdleistungsbedarf ermitteln
- Kostenplanung durchführen
    - Personalkosten ermitteln
    - Sach- und Investitionskosten ermitteln
    - Fremdleistungskosten ermitteln
    - Gesamtkosten je Arbeitspaket berechnen
- Ressourcenplanung durchführen
    - Archivinformationen suchen
    - Verfügbare Personal- und Sachressourcen ermitteln
    - Kritische Ressourcen identifizieren
    - Ressourcen zu Aktivitäten zuordnen
    - Nicht-verfügbare Ressourcen beschreiben
    - Ist-Belastung berechnen

Terminplanung durchführen

- Termincharakter der Vorgänge festlegen (fix oder variabel)
- Mögliche Vorgangsfolgen und Termine berechnen
- Ressourcenabgleich durchführen
- Planungsszenarien bilden und Präferenzfolge festlegen

Planungsdomaininterne Teilprojektpläne verabschieden

- Interner Planabgleich durchführen
- Endgültiger Plan freigeben

Feinplanung im Team durchführen

Projektdefinierende Informationen

Koordinierende Informationen

- Vorgehensziele und Restriktionen Projekt
  - Leistungsziele
  - Rahmenvorgaben
  - Einsatzmittel und Restriktionen
  - Zeitliche Ziele und Restriktionen
- Primäre Aufbauorganisation
  - Organisationsmodell
  - Organisationsstruktur
  - Primäre Leitungspositionen
    - Name Projektleiter
    - Namen Kernteammitglieder
    - Namen sonstige Leitungspositionen
  - Projektunterstützende Gremien
- Definierte Synchronisationspunkte
  - Termine Meilensteine
    - Termine bisheriger Meilensteine
    - Termine Meilensteine 1. Ordnung
    - Termine Meilensteine 2. Ordnung
  - Visualisierte Rahmenterminpläne
    - Visualisierte Rahmenterminpläne 1. Ordnung
    - Visualisierte Rahmenterminpläne 2. Ordnung
- Struktur Gesamtprojekt
  - Name der Teilprojekte
  - Ergebnisse je Teilprojekt
  - Budgets je Teilprojekt
  - Vorgehensweise und Regeln Konfigurationsmanagement
    - Vorgehensweise und Regeln Produktgestaltung
    - Vorgehensweise und Regeln Projektgestaltung
    - Projektspezifische Richtlinien
  - Kommunikationswege
    - IT-Infrastruktur
    - Besprechungsstruktur
- Konsens Rahmenterminpläne
  - Konsens Meilensteine 1. Ordnung
  - Konsens Meilensteine 2. Ordnung
  - Konsens Teilprojektpläne mit Rahmenterminplänen
- Schnittstellen zwischen Entwicklungsteams
  - Struktur und Gestalt der Schnittstellen
  - Konsens auszutauschende End-/Zwischenergebnisübergabe
  - Konsens terminliche End-/Zwischenergebnisübergabe
  - Konsens Forschrittsüberwachung
  - Informationsträger
- Konsens Teilprojektpläne
  - Ausgetauschte Planungsergebnisse
  - Gerprüfte mittelbare Kunden-Lieferantenbeziehung

Zielkonflikte Teilpläne
Konsens Zielkonflikte Teilpläne

Management von Planungsinformationen

- Berichtswesen
  - Bisher verwendetes Berichtswesen
  - Berichtsstruktur
  - Verfahrensweise Berichterstattung
  - Dokumentenverteiler
  - Richtlinien zur Berichterstattung
  - Protokoll Testlauf
  - Adressenpool der Projektmitglieder
- Projektspezifische Konventionen
  - Bisherige Konventionen
  - Begriffe und Benennungen
  - Methodenstandards
- Inhalt Meilensteine
  - Inhalte bisheriger Meilensteine
  - Inhalte Meilensteine 1. Ordnung
  - Inhalte Meilensteine 2. Ordnung
  - Inhalte Meilensteine 3. Ordnung
  - Personifizierte Verantwortlichkeiten je Meilenstein
- Inhalt Vorgang
  - Inhalte bisheriger Vorgänge
  - Ergebnisse je Vorgang
  - Risiken
  - Zwischenergebnisse je Vorgang
  - Personifizierte Verantwortlichkeiten je Ergebnis
- Ressourcenbezogene Informationen
  - Qualifikation
  - Adresse
  - Kostensatz
  - Weisungsbefugte Linie

Projekt Planen

- Spezielle Aufbauorganisation
  - Name Leiter weiterer (untergeordneter) Entwicklungsteams
  - Name Teammitglieder
  - Verantwortliche Aufgabenträger
- Teilprojektstrukturen
  - Randbedingungen
  - Projektstruktur bisheriger Projekte
  - Struktur Teilprojekt
  - Rahmenterminplan Teilprojekt
    - Termin Meilensteine 3. Ordnung
    - Visualisierung Meilensteinpläne 3. Ordnung
  - Vorganginformationen
    - Name und Nummer Vorgang
    - Ergebnisse je Vorgang

Logische Zusammenhänge zwischen Vorgängen
Name Informationsträger

Interne und externe Relationen
Teilprojektinterne Relationen zwischen abhängigen Vorgängen
Teilprojektinterne Relationen zwischen Vorgängen und Meilensteinen
Teilprojektexterne Relationen zwischen abhängigen Vorgängen
Teilprojektexterne Relationen zwischen Vorgängen und Meilensteinen

Aufwandsschätzung und Ressourcenplanung
Aufwände für bisherige Vorgänge
Zeitbedarf für Ergebnis
Ressourcenbedarf
Qualitativer und Quantitativer Personalbedarf je Ergebnis
Sachmittelbedarf
Fremdleistungsbedarf
Kostenplan
Personalkosten
Sach- und Investitionskosten
Fremdleistungskosten
Gesamtkosten je Vorgang
Ressourcenplan
Bisherige Ressourcenplan
Verfügbare Personal- und Sachressourcen
Name kritischer Ressourcen
Zuordnung Ressourcen zu Aktivitäten
Name nicht verfügbarer Ressourcen
Ist-Belastung je Mitarbeiter

Terminplanung
Name fixer und variabler Termine
Mögliche Abfolge der Vorgänge
Frühester- und spätester Anfangszeitunkt je Vorgang
Frühester- und spätester Endzeitunkt je Vorgang
Länge Puffer
Durchgeführter Ressourcenabgleich
Planungsszenarien und Präferenzfolge

Endgültiger planungsdomaininterner Teilprojektplan
Interner Planabgleich
Freigabe endgültiger Plan

Durchgeführte Feinplanung

Produktdefinierende Aktivitäten

Anforderungsfestlegung

Aufgabenstellung festlegen
Aufgabenstellung klären
Stand der Technik ermitteln
Technische Realisierbarkeit klären

Systemziele vereinbaren

Produktanforderungen ableiten (Funktion, Kosten, Qualität)
Produktanforderungen nach Merkmalen klassifizieren
Produktanforderungen in Teilanforderungen zerlegen
Anforderungsart festlegen (Fest-, Mindest-, Wunschforderungen, Gewichtungen)
Funktions-, Qualitäts- und Kostenziele System ableiten
Betriebswirtschaftliche Ziele System vereinbaren

Funktionsfindung

Funktionsstrukturen finden
Gesamtfunktionen festlegen
Gesamtfunktionen in Teilfunktionen zerlegen
Allgemeine Funktionen aus Gesamtfunktionen ableiten
Allgemeine Funktionen in allgemeine Teilfunktionen zerlegen
Spezielle Ein- und Ausgangsgrößen aus den allgemeinen Ein- und Ausgangsgrößen ableiten
Spezielle Funktionen aus allgemeinen Funktionen ableiten
Spezielle Funktionen in spezielle Teilfunktionen zerlegen

Prinziperarbeitung

Effekte ermitteln
Effekte zu den speziellen Funktionen zuordnen
Effektstruktur entsprechend der speziellen Funktionsstruktur erstellen

Wirkprinzip ermitteln
Konstruktive Größen der Effekte bestimmen
Effektträger (Wirkprinzip) bestimmen

Prinziplösung erstellen
Wirkprinzip mit Prinzipelementen realisieren
Prinzipelemente anordnen und verknüpfen

Gestaltung

Modulare Struktur (Baustruktur entwickeln)
In realisierbare Module gliedern
Modulare Struktur aufbauen
Modulen Konstruktionsräume zuweisen

Baugruppen-/Einzelteile grob gestalten
Module in Baugruppen/Einzelteile unterteilen
Baugruppen/Einzelteile Konstruktionsräume zuweisen
Konstruktive Größen verwirklichen
Kontur/Grobgestalt der Baugruppen/Einzelteile festlegen
Baugruppen/Einzelteile nachrechnen und Materialien auswählen

Produktstruktur bestimmen

Detallierung

Einzelteile ausarbeiten
Einzelteile feingestalten
Einzelteile/Baugruppen mit Toleranzen versehen
Oberflächeneigenschaften der Einzelteile festlegen
Einzelteile/Baugruppen bemaßen

Dokumentation erstellen

Zeichnungen ableiten
Stücklisten ableiten

Produktdefinierende Informationen

Anforderungsinformationen

- Kunden- und Marktanforderungen
- Aufgabenstellung
  - Gesamtaufgabe
  - Teilaufgaben
- Technische Möglichkeiten
- Systemziele
  - Designanforderungen
  - Schnittstellenanforderungen
  - Funktionsziele System
  - Qualitätsziele System
  - Kostenziele System
  - Betriebswirtschaftliche Ziele System

Funktionsinformation

- Gesamtfunktionsstrukturen
  - Gesamtfunktionen
  - Gesamtfunktionsgrößen
  - Allgemeine Funktionen
  - Allgemeine Funktionsgrößen
  - Spezielle Funktionen
  - Spezielle Funktionsgrößen

Prinzipinformationen

- Effektstruktur
  - Effekte
  - Spezielle Funktionsgrößen (Effektverbindung)
  - Konstruktionsgrößen
- Wirkprinzip
  - Wirkgeometrie
  - Wirkort
  - Wirkmedium (Materialklasse, Stoff)
  - Wirkflächen- und Verbindungspaar
- Prinziplösung
  - Prinzipelement
  - Prinzipverbindung

Gestaltinformation

- Baustruktur
- Konstruktionsräume
- Module
- Baugruppen
- Einzelteile

Produktstruktur

Grobgestalt

Geometrie

Topologie

Formfeature

Konstruktionsfeature

Detailinformationen

Gestalt

Geometrie

Topologie

Formfeature

Konstruktionsfeature

Oberflächeneigenschaften,Toleranzen und Materialien

Zeichnungen und Stücklisten

Modellierung mit EXPRESS-G

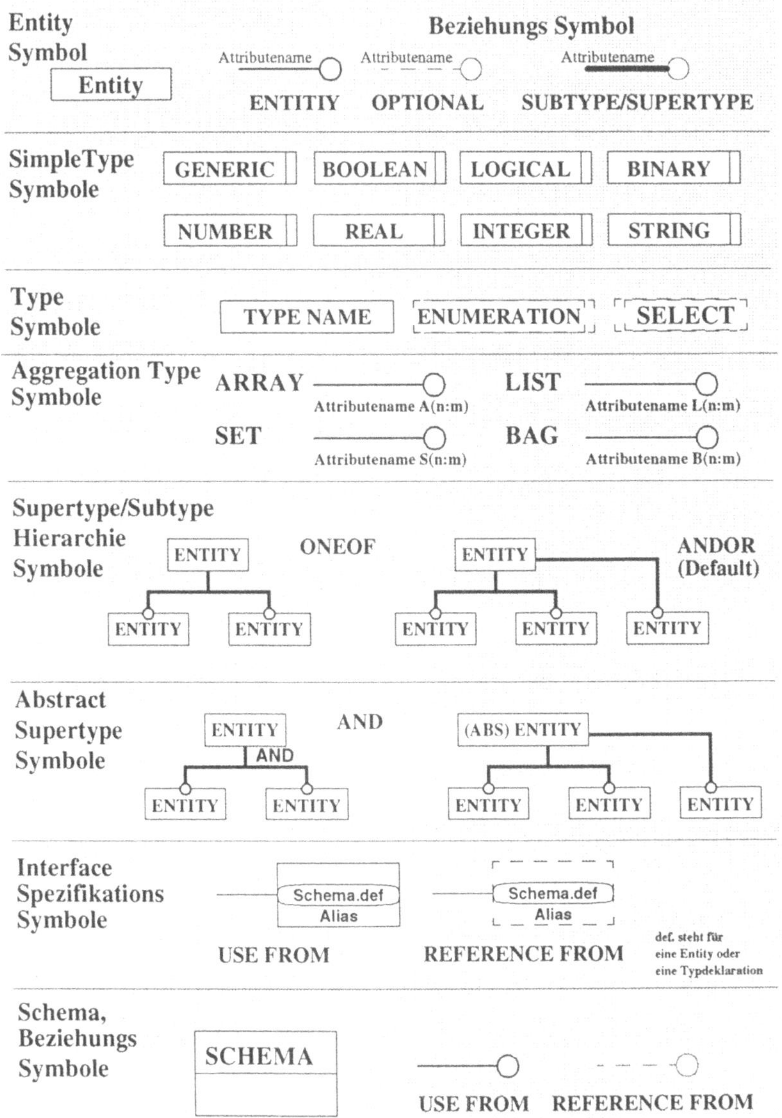

Bild 44: EXPRESS-G nach ISO 10303-11

Aktivitäts-Informations-Matrix - AIM -		Projekt Planen							Koordination von Entwicklungsteams							Management von Planungsinformation				
		PJI	PJI	PJI	PJI	PJI	PJI	PJI	PJI	PJI	PJI	PJI	PJI	PJI	PJI	PJI	PJI	PJI	PJI	PJI
○ erzeugt die Information ● benötigt die Information *PJA* projektdefinierende Aktivität *PJI* projektdefinierende Information		Aufbauorganisation	Teilprojektstrukturen	Interne und externe Relationen	Aufwandsschätzung und Ressourcenplan	Terminplan	Endgültiger Teilprojektplan	Feinplanung	Vorgehensziele und Restriktionen Projekt	Projektorganisation	Definierte Synchronisations-punkte	Struktur Gesamtprojekt	Konsens Rahmentermin-pläne	Schnittstellen zwischen Entwicklungsteams	Konsens Teilprojektpläne	Berichtswesen	Projektspezifische Konventionen	Inhalt Meilensteine	Inhalt Arbeitspakete	Ressourcenbezogene Informationen
Aufbauorganisation implementieren	PJA	○							●	●		●					●			●
Teilprojektstrukturen bilden	PJA		○						●		●	●	●			●	●			
Relationen zw. abhängigen Vorgänge setzen	PJA	●	●	○					●			●	●	●		●		●		
Aufwandsschätzung, Res.planung durchführen	PJA	●	●	●	○	●			●			●	●			●	●	●	●	●
Terminplanung durchführen	PJA	●	●	●	●	○			●			●	●	●		●			●	●
Teilprojektplan verabschieden	PJA	●	●	●	●	●	○		●				●	●	●	●	●	●	●	
Feinplanung im Team durchführen	PJA	●	●	●	●	●	●	○	●						●	●	●	●	●	●
Ziele und Restriktionen Projekt definieren	PJA						●		○	●										
Projektorganisation definieren	PJA								●	○										
Synchronisationspunkte definieren	PJA								●	●	○									
Gesamtprojektstruktur bilden	PJA								●	●		○				●		●		
Teilprojekte synchronisieren	PJA	●	●	●		●			●	●	●	●	○			●	●	●		
Schnittstellen zw. Entwickl.steams definieren	PJA	●	●						●		●	●	●	○				●	●	
Ergebnisse Teilprojektplanung abstimmen	PJA	●	●	●	●	●		●				●	●	●	○	●		●	●	
Berichtswesen aufbauen	PJA								●							○	●			
Projektspezifische Konventionen festlegen	PJA								●	●							○			
Meilensteine inhaltlich festlegen	PJA	●	●								●	●	●			●		○		
Arbeitspakete beschreiben	PJA	●	●									●	●			●		●	○	
Ressourcenbezogene Inform. beschreiben	PJA																			○

Bild 45: Aktivitäten-Informations-Matrix

Informations-Abängigkeits-Matrix - IAM -		Projekt Planen							Koordination von Entwicklungsteams							Management von Planungsinformation				
		PJI	PJI	PJI	PJI	PJI	PJI	PJI	PJI	PJI	PJI	PJI	PJI	PJI	PJI	PJI	PJI	PJI	PJI	PJI
○ geringe Abhängigkeit * mittlere Abhängigkeit ● hohe Abhängigkeit *PDI* produktdefinierende Information *PJI* projektdefinierende Information		Aufbauorganisation	Teilprojektstrukturen	Interne und externe Relationen	Aufwandsschätzung und Ressourcenplan	Terminplan	Endgültiger Teilprojektplan	Feinplanung	Vorgehensziele und Restriktionen Projekt	Projektorganisation	Definierte Synchronisations-punkte	Struktur Gesamtprojekt	Konsens Rahmentermin-pläne	Schnittstellen zwischen Entwicklungsteams	Konsens Teilprojektpläne	Berichtswesen	Projektspezifische Konventionen	Inhalt Meilensteine	Inhalt Arbeitspakete	Ressourcenbezogene Informationen
Kunden- und Marktanforderungen	PDI	*	○	○	○	○	○	○	*	○	●	○	*	○	○	○	○	○	○	○
Aufgabenstellung	PDI	●	●	○	*	*	○	○	●	*	●	●	●	●	○	*	*	●	●	○
Technische Möglichkeiten	PDI	●	*	*	●	●	○	○	●	*	●	*	●	○	○	○	*	●	●	○
Systemziele	PDI	*	*	*	●	●	○	○	●	*	●	○	*	○	○	*	○	*	*	○
Funktionsstruktur	PDI	*	●	●	*	*	○	○	○	○	*	*	○	●	*	*	○	○	○	○
Effektstruktur	PDI	○	○	○	*	○	○	○	○	○	○	○	○	○	○	○	○	○	○	○
Wirkprinzip	PDI	○	○	○	○	○	○	○	○	○	○	○	○	○	○	○	○	○	○	○
Prinziplösung	PDI	○	○	○	○	○	○	○	○	○	○	○	○	○	○	○	○	○	○	○
Baustruktur	PDI	○	○	○	○	○	○	○	○	○	○	○	○	○	○	○	○	○	○	○
Konstruktionsräume	PDI	○	○	*	○	○	○	○	○	○	○	○	○	*	○	○	○	○	○	○
Module	PDI	○	○	○	○	○	○	○	○	○	○	○	○	○	○	○	○	○	○	○
Baugruppen	PDI	○	○	○	○	○	○	○	○	○	○	○	○	○	○	○	○	○	○	○
Einzelteile	PDI	○	○	○	○	○	○	○	○	○	○	○	○	○	○	○	○	○	○	○
Produktstruktur	PDI	○	○	○	○	○	○	○	○	○	○	○	○	○	○	○	○	○	○	○
Grobgestalt	PDI	○	○	○	○	○	○	○	○	○	○	○	○	○	○	○	○	○	○	○
Gestalt	PDI	○	○	○	○	○	○	○	○	○	○	○	○	○	○	○	○	○	○	○
Oberfläche, Materialien, Toleranzen	PDI	○	○	○	○	○	○	○	○	○	○	○	○	○	○	○	○	○	○	○
Zeichnungen und Stücklisten	PDI	○	○	○	○	○	○	○	○	○	○	○	○	○	○	○	○	○	○	○

Bild 46: Informations-Abhängigkeits-Matrix

Methoden-Informations-Matrix - MIM -

○ erzeugt Information
● benötigt Information
◆ stimmt Informationen ab

PJI projektdefinierende Information
EM Informations-erzeugende Methode
BM Informations-bewertende Methode
AM Informations-abstimmende Methode

			Projekt Planen							Koordination von Entwicklungsteams							Management von Planungsinformation				
			PJI	PJI	PJI	PJI	PJI	PJI	PJI	PJI	PJI	PJI	PJI	PJI	PJI	PJI	PJI	PJI	PJI	PJI	PJI
			Aufbauorganisation	Teilprojektstrukturen	Interne und externe Relationen	Aufwandsschätzung, Ressourcenplan	Terminplan	Endgültiger Teilprojektplan	Feinplanung	Vorgehensziele und Restriktionen Projekt	Projektorganisation	Definierte Synchronisationspunkte	Struktur Gesamtprojekt	Konsens Rahmenterminpläne	Schnittstellen zw. Entwicklungsteams	Konsens Teilprojektpläne	Berichtswesen	Projektspezifische Konventionen	Inhalt Meilensteine	Inhalt Arbeitspakete	Ressourcenbezogene Informationen
Methoden zur Lösungs- und Ideenfindung	Kreativitätstechniken	EM	○	○						●	●	●	○	○							
	Analyse ähnlicher Systeme	EM	○	○	○	○	○			●	○	○	○		○		○	●	○	○	○
	Simulationsverfahren	EM		●	●	●	○			●		●	●				○	●	○	○	
	Szenarientechnik	BM		○			○	○		●						○		●	●	●	
	Delphi-Methode	EM	○	○						●	●	●	○	○							
Methoden zur Ablaufplanung	Operations Res. Verfahren	EM		●	●	●	○		○	●								●			●
	Balkendiagramme	EM			●	●	○		○												●
	Projektstrukturpläne	EM		○	○					●									●	●	
	Meilensteintechniken	AM		◆			◆	◆	◆	◆		◆	◆	◆		◆			◆	◆	
	Netzplanverfahren	EM		○		●	○					●									
	Belastungsrechnung	AM				●	●	○	○	●								●	●	●	●
	Funktionendiagramme	AM	◆	◆		◆	◆		◆												◆
	Spez. Planungsworkshops	AM	◆	◆	◆	◆	◆		◆	◆		◆	◆	◆	◆	◆	◆		◆	◆	
	Termin-Trend Diagramme	AM					◆	◆	◆	◆	◆			◆		◆			◆	◆	◆
	Entscheidungsbäume	BM		●		○	○	○		●		●		○		○		●	●	●	●
Bewertungsmethoden	Nutzwertanalyse	BM		●	●	●	●			●				○		○		●			
	Rangfolgeverfahren	BM		●	●	●	●			●				○		○		●			
	Kennzahlen	BM		●	●	●	●							○		○		●			
	Statistische Verfahren	BM				●	●	○										●			
Methoden zur Dokumentation	Fortschrittsdiagramme	AM				◆	◆	◆	◆										◆	◆	
	Workflowmanagement	AM		◆	◆	◆	◆	◆	◆	◆			◆		◆	◆	◆	◆	◆	◆	◆
	Checklisten	EM			○	○				●	●	○		○	●	○			●	●	●

Bild 47: Methoden-Informations-Matrix

B Grundrelationentabelle

Relation	X^-/Y^-	X^-/Y^+	X^+/Y^-	X^+/Y^+
Equal	$=$	$+X_d =$	$-Y_d =$	$=$
Before	$+X_d <$	$+X_d + Y_d <$	$<$	$+Y_d <$
After	$-Y_d >$	$>$	$-X_d - Y_d >$	$-X_d >$
During	$>$	$+X_d <$	$-X_d >$	$<$
During invers	$<$	$+Y_d <$	$-Y_d >$	$>$
Overlaps	$<$	$+X_d <$	$>$	$<$
Overlaps invers	$>$	$<$	$-X_d >$	$>$
Meets	$+X_d =$	$+X_d + Y_d =$	$=$	$+Y_d =$
Meets invers	$-Y_d =$	$=$	$-X_d - Y_d =$	$-X_d =$
Starts	$=$	$+Y_d =$	$-X_d =$	$+Y_d - X_d =$
Starts invers	$=$	$+Y_d =$	$-X_d =$	$+Y_d - X_d =$
Finishes	$-Y_d + X_d =$	$+X_d =$	$-Y_d =$	$=$
Finishes invers	$+X_d - Y_d =$	$+X_d =$	$-Y_d =$	$=$

C Objektorientiertes Klassenschema

Objektorientierte Modellierungsmethode

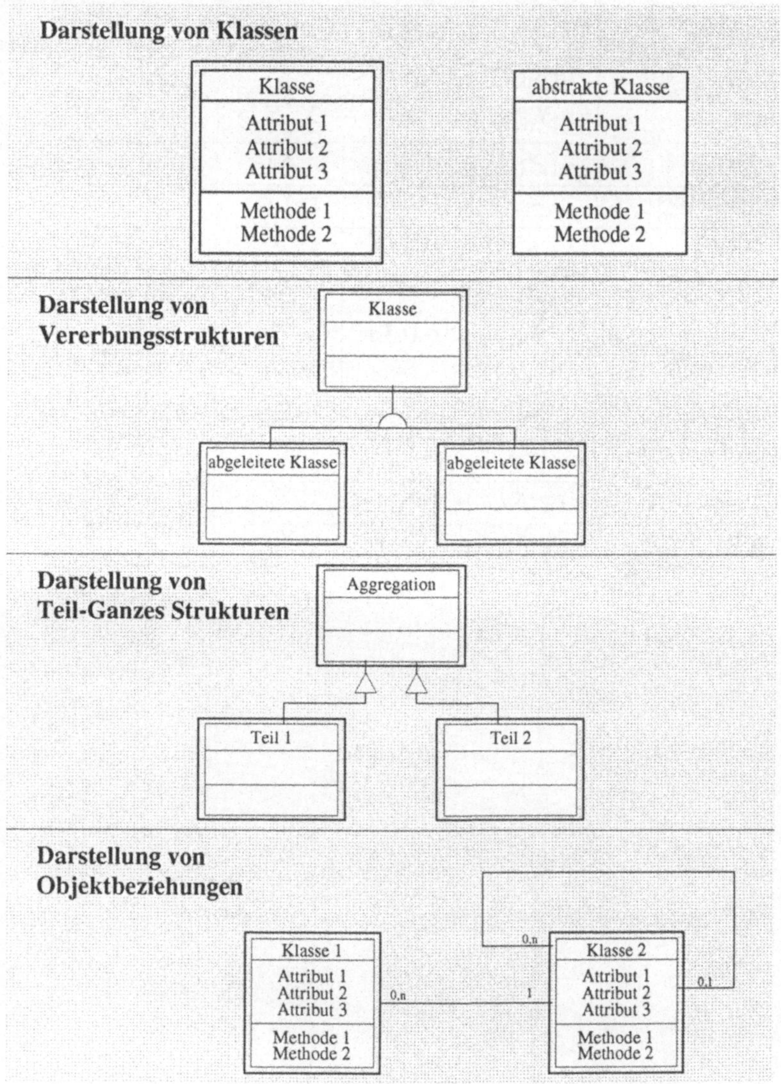

Bild 48: Objektorientierte Modellierung nach Coad und Yourdan /30/

Klassendefinitionen

Klasse Projekt

Attribute:	Name	des Projekts
	Typ	des Projekts
	Ziel	kurze Formulierung des Ziels des Projekts
Teilklassen:	1 bis n Erfahrung	gesammelte Erfahrungen
	Liste Projektstand	aktueller Stand
	Zieldaten	Ziele des Projekts
	Projektaudit	Projektabschluß
Beziehungen:	n Meeting	geplante projektspezifische Meetings
	n Meilenstein	Meilensteine
	n Verteiler	benutzte Verteiler für die Informationslogistik
	n Team	mitarbeitende Teams

Klasse Zieldaten

ist Teil von Klasse:	Projekt	
Attribute:	Beginn	Anfangsdatum des Projekts
	Budget	geplantes Projektbudget
	Ende	Enddatum des Projekts

Klasse Projektstand.

ist Teil von Klasse:	Projekt	
Attribute:	Datum	Aktuelles Datum
	Kosten_Ist	Aktuelle Kosten
	Stand	Formulierung des aktuellen Stands

Klasse Projektaudit

ist Teil von Klasse:	Projekt	
Attribute:	Bewertung	des Projekts
	Grund	für die Bewertung

Klasse Standardprojekt

Oberklasse:	Projekt	
Attribute:	Name	des Standardprojekts
	Datum	der Anlage des Standards
	Grund	für das Anlegen des Standards

Klasse Team

Attribute:	Name	des Teams
	Typ	des Teams (z. B. Kernteam, Taskforce)
	Aufgabe	kurze Formulierung der Aufgabe des Teams
Beziehungen:	n Teammitglied	Mitglieder im Team
Unterklasse:	Funktionsteam	

Klasse Funktionsteam

Oberklasse:	Team	
Attribute:	Zeitintervall	des Bestehens des Teams
Beziehungen:	0 bis 1 Funktionsteam	übergeordnete Teams
	0 bis n Funktionsteam	untergeordnete Teams
	n Ressourcen	zugeteilte Human- und Sachressourcen

Klasse Person

Attribute:	Name	Name der betreffenden Person
	Vorname	Name der betreffenden Person
	Titel	Name der betreffenden Person
	Geschlecht	Name der betreffenden Person
	Telefon	Name der betreffenden Person
	email	Name der betreffenden Person
	Fax	Name der betreffenden Person
Teilklassen:	Adresse	Adresse der betreffenden Person
Unterklasse:	Mitarbeiter	

Klasse Adresse

ist Teil von Klasse:	Person	
Attribute:	Firma	Name der beschäftigenden Firma
	Straße	der Firma, Niederlassung bzw. Arbeitsort
	HausNr	der Firma, Niederlassung bzw. Arbeitsort
	Postfach	der Firma, Niederlassung bzw. Arbeitsort
	PLZ	der Firma, Niederlassung bzw. Arbeitsort
	Ort	der Firma, Niederlassung bzw. Arbeitsort
	Region	der Firma, Niederlassung bzw. Arbeitsort
	Land	der Firma, Niederlassung bzw. Arbeitsort

Klasse Ressource

Attribute:	ID	eindeutige Nummer der Ressource
	Typ	Unterscheidung Human- oder Sachressource
	Name	der Ressource
	Standort	Büro/Raum
	Qualifikation	Beruf/Sachressourcentyp
	Kosten	Kosten pro Ressource und Tag
	Zeit_nicht_einsetzbar	Aufzählung der Zeitintervalle, in der die Ressource nicht zur Verfügung steht
Beziehungen:	1 bis n Aktion	arbeitet an Aktionen
	1 Team	ist einem Team zugeordnet
Unterklasse:	Mitarbeiter	

Klasse Methode

ist Teil von Klasse:	Aktion	
Attribute:	Name	der Methode
	Zielsetzung	Vorteil durch Anwendung der Methode
	Risiken	Risiken bei Anwendung dieser Methode
	Literatur	Literaturverweise zur Methode
	Beweggrund	Warum wurde diese Methode eingesetzt
Beziehungen:	1 Person	Ansprechpartner für Anwendung der Methode

Klasse Aktion

Attribute:	Name	Name der Aktion
	Beschreibung	Formulierung der Aufgabe
	Fixpunkt	Variable zur Unterscheidung ob fixer Anfangszeitpunkt der Aktion oder nicht
	Dauer	Dauer der Aktion in Zeiteinheiten
	Status	aus: nicht begonnen, begonnen, fertig
	Risiko	Wahrscheinlichkeit für die termingerechte Fertigstellung der Aktion in 3 Stufen (hoch, mittel, gering)
	Start	durchgeführter Beginn der Tätigkeit
	sichtbar	Aktion für andere Teams sichtbar oder nicht
Teilklassen:	0 bis n Methode	verwendete Methode zur Aufgabenbearbeitung
	0 bis n Risiko	Beschreibung möglicher Risiken
	0 bis n Problem	Beschreibung aufgetretener Probleme
	1 Akt_Termin	FAZ, FEZ und Puffer
	n Aktion_AE	Daten vor Änderung
	1 Aktionsstand	aktueller Aktionsfortschritt
	0 bis n Erfahrung	Beschreibung der gemachte Erfahrungen bei der Durchführung der Aktion
Beziehungen:	n Ressource	arbeiten an der Aktion
	n Ergebnis	wird von dieser Aktion erstellt
	0 bis n Relation	Verknüpfung der Aktion

Klasse Mitarbeiter

Oberklasse:	Person	
	Ressource	
Attribute:	Vorgesetzter	Linienvorgesetzter im Unternehmen
hat Teilklassen:	0 bis n Zugriffsrechte	

Klasse Zugriffsrechte

Teil von Klasse:	Mitarbeiter	
Attribute:	Daten	Datentyp für die Zugriffsrecht gilt
	Zugriff	Art des Zugriffs (read, write, execute)

Klasse Teammitglied

Attribute:	Zeitintervall	der Teamzugehhörigkeit
	Rolle	Rolle des Mitarbeiters im Team
Beziehungen:	Mitarbeiter	bezieht sich auf einen Mitarbeiter
	Team	bezieht sich auf ein Team

Klasse Relation

Attribute:	Akt_Relation	Menge der Allen-Relationen
	Typ	der Relation (Teamintern oder -extern)
	Grund	für das Setzen der logischen Verknüpfung
Beziehungen:	2 Aktion	werden durch Klasse Relation verknüpft
	0 oder 1 Zwischenergebnis	Name des gelieferten Zwischenergebnisses
Unterklasse:	Planrelation	

Klasse Planrelation

Oberklasse:	Relation	
Attribute:	Akt_relation	redefiniert: 1 Relationselement
Beziehungen:	2 Akt_Termin	redefinierte Beziehung zu Aktion

Klasse Problem

ist Teil von Klasse:	Aktion	
Attribute:	Name	des aufgetretenen Problems
	Typ	zur Einordnung des Problems
	Beschreibung	Formulierung des Problems
	Massnahme	getroffene Maßnahme zur Problemlösung
	aufgetreten	Datum des Auftretens
	geloest_bis	Datum bis wann das Problem zu lösen ist
	Massn_Grund	Grund für die Ergreifung der Maßnahme
	Effektivitaet	Einschätzung der Effektivität der Maßnahme
	Status	Status der Problemlösung, (aufgetreten, in Arbeit, gelöst)
Beziehungen:	1 Person	Ansprechpartner bzw. Verantwortlicher für die Problemlösung

Klasse Risiko

ist Teil von Klasse:	Aktion	
Attribute:	Name	des möglichen Risikos
	Loesungen	Name möglicher Lösungen
	Beschreibung	Beschreibung möglicher Lösungen
Beziehungen:	1 Person	Ansprechpartner zum Risiko

Klasse Ergebnis

Attribute:	Name	des Ergebnisses
	Beschreibung	Formulierung des Ergebnisses
	Status	Ergebnisstatus, aus: in Arbeit, übergeben, bestätigt
	Weitergabedatum	Vereinbartes Datum, bis wann Ergebnis weitergegeben wird
Beziehungen:	1 Aktion	Tätigkeit, die das Ergebnis liefert
	1 Meilenstein	Ergebnis bis zu welchem Meilenstein fertig sein muß
	1 Mitarbeiter	verantwortliche Person für Ergebnis
Unterklasse:	Zwischenergebnis	

Klasse Zwischenergebnis

Oberklasse:	Ergebnis	
Attribute:	Zeitfaktor	Zeitanteil der Aktion, ab wann Zwischenergebnis verwendet werden kann
Beziehungen:	1 Relation	Interne Kunden-Lieferantenbeziehung für Zwischenergebnis in Allen-Relationen

Klasse Akt_Termin

ist Teil von Klasse:	Aktion Plan	
Attribute:	FAZ	frühestmögliche Anfangszeit der Aktion
	FEZ	frühestmögliche Endzeit der Aktion
	Pufferzeit	Pufferzeit der Aktion
Beziehungen:	1 Aktion	Termine beziehen sich auf diese Aktion
	0 bis n Planrelation	dem Plan zugrunde liegende Relation

Klasse Meilenstein

Attribute:	Name	Meilensteinname
	Beschreibung	Formulierung des Meilensteins
	Ziel	Ziel des Meilensteins
	Typ	Meilensteintyp: 1., 2. oder 3. Ordnung
	Datum	Termin des Meilensteins
Teilklassen:	n Meilenst_AE	Daten vor einer Änderung
	n Meilensteinstand	aktueller Stand
Beziehungen:	1 bis n Funktionsteam	für diese Teams bindend
	1 Mitarbeiter	verantwortlich für Erreichung des Meilensteins
	n Ergebnis	notwendig, für die Erreichung des Meilensteins

Klasse Plan

ist Teil von Klasse:	Planauswahl	
Attribute:	Nr	Planidentifizierungsnummer
	Bewertung	Bewertung des Plans anhand der Kennzahlen
Teilklassen:	n Akt_Termin	Aktionen mit Termin
Beziehungen:	1 Funktionsteam	Plan wird von jeweiligem Funktionsteam erstellt

Klasse Planauswahl

Attribute:	Termin	
Teilklassen:	1 Plan	Ident.nummer des ausgewählten Plans
Beziehungen:	1 Funktionsteam	Auswahl im Funktionsteam

Klasse Planbewertung

Attribute:	Name	Name der Planbewertung
	Beschreibung	Formulierung der Planbewertung
	Gewichte	Gewichte für die 7 Kennzahlen jedes Plans
Beziehungen:	Funktionsteam	Planbewertung wird pro Team erstellt

Klasse Bericht

Attribute:	Name	Berichtsname
	Datum	Verfassungsdatum des Berichts
	Berichtstyp	Typ des Dokuments, z.B. Meilensteinkontrollblatt o.ä.
	Intervalltyp	Zeitliche Regelmäßigkeit der Berichterstattung
	Status	Status der Vorgangs (gesendet, wartet auf Antw., ...) entsprechend spez. Protokoll
	Antwort_bis	Datum bis Empfänger zu antworten hat
	Anmerkungen	Anmerkung der jeweiligen Empfänger
Teilklassen:	0 bis n Berichtshistorie	Liste der Berichtshistorie während Versendevorgang
Beziehungen:	1 Meilenstein	Berichtsinhalt
	1 Aktion	Berichtsinhalt
	1 Verteiler	Berichtsempfänger
	1 Person	Berichtsautor

Klasse Berichtshistorie

ist Teil von Klasse:	Bericht	
Attribute:	Datum	Datum der Übergabe
	Sender	Sender des Berichts
	Empfaenger	Empfänger des Berichts

Klasse Verteiler

Attribute:	Name	Verteilername
	Beschreibung	Erläuterung des Verteilers
	Datum	Datum der Anlage
Beziehungen:	n Bericht	dafür verwendet
	0,n Person	Inhalt des Verteilers
	0,n Team	Inhalt des Verteilers
	0,n Teammitglied	Inhalt des Verteilers

Klasse Meeting

Attribute:	Thema	des Meetings
	Raum	Raum und Ort, an dem die Meetings stattfinden
	Intervall	Meetingintervall
	Komm_Medium	Medium, wie Meeting abgehalten wird
Teilklassen:	n Meetingprotokoll	des stattgefundenen Meetings
Beziehungen:	n Person	eingeladene Personen
	1 Person	einladende Person

Klasse Meetingprotokoll

Teil von Klasse	Meeting	
Attribute:	Termin	des stattgefundenen Meetings
	Thema	Thema des Meetings
	Protokoll	Dateiname des Protokolls

Klasse Aenderung (abstrakte Klasse)

Attribute:	Datum	Änderungsdatum
	Grund	Grund für Änderung
Beziehungen:	1 Mitarbeiter	verantwortlich für Änderung
Unterklassen:	Aktion_AE	
	Relation_AE	
	Meilenst_AE	

Klasse Aktion_AE

Oberklasse:	Aenderung	
ist Teil von Klasse:	Aktion	
Attribute:	Dauer_alt	Aktionsdauer vor der Änderung
	Fixpunkt_alt	Aktionsfixpunkt vor der Änderung
Beziehungen:	n Ressource	Ressourcenzuordnung vor der Änderung

Klasse Relation_AE

Oberklasse:	Aenderung	
ist Teil von Klasse:	Relation	
Attribute:	AktRelation_alt	Relation zwischen Aktionen vor der Änderung

Klasse Meilenst_AE

Oberklasse:	Aenderung	
ist Teil von Klasse:	Meilenstein	
Attribute:	Datum_alt	Meilensteintermin vor der Änderung

Klasse Stand

Attribute:	Datum Status_Zeit Bemerkung	des aktuellen Stands Status bzgl. der Einhaltung des Stands Anmerkungen
Beziehungen:	1 Mitarbeiter	Verfasser des Stands
Unterklasse:	Aktionsstand Meilensteinstand	

Klasse Meilensteinstand

Oberklasse:	Stand	
Teil von Klasse:	Meilenstein	
Attribute:	Status_Kosten	Kostenstatus des Meilensteins

Klasse Aktionsstand

Oberklasse:	Stand	
Teil von Klasse:	Aktion	
Attribute:	Ist_Kosten	tatsächlich bislang entstandene Kosten des Projekts

Klasse Projektstand

Teil von Klasse:	Projekt	
Attribute:	Datum Gesamtstand	aktuelles Datum Beschreibung des aktuellen Stands
Beziehungen:	1 Mitarbeiter	Verfasser

Klasse Erfahrung

Teil von Klasse:	Projekt Meilenstein	
Attribute:	Datum Keyword	der Erfassung Bereichseinordung der Erfahrung
hat Teilklasse:	Teilerfahrung	

Klasse Teilerfahrung

Teil von Klasse:	Erfahrung	
Attribute:	Typ	aus: best practice, lessons learned, Handlungsmaßnahmen
	Inhalt	Beschreibung der Erfahrung
	Evaluation	Bewertung der Relevanz der Erfahrung
	Grund	Begründung für die Wertung
Beziehungen:	1 Mitarbeiter	Verfasser

Lebenslauf

Persönliche Daten

Name	Kai Michael Wörner
Geburtsdatum	3. Juli 1964
Geburtsort	Stuttgart
Nationalität	deutsch
Familienstand	verheiratet mit Antje Wörner
Kinder	Jan und Till

Ausbildung

1974 - 1983	Johannes-Kepler-Gymnasium Bad-Cannstatt
1984 - 1985	2. Fernmeldebatallion 220 in Donauwörth
1985 - 1992	Studium der Verfahrenstechnik, Universität Stuttgart
1988 - 1990	Wissenschaftliche Hilfskraft am Institut für Chemische Verfahrenstechnik der Universität Stuttgart
1990 - 1991	Master of Science als Erasmus Stipendiat an der University of Manchester, Institute of Science and Technology (UMIST)
1991-1992	Praktikum bei der Firma IST, Lörrach

Beruf

1992 - 1993	Freier Mitarbeiter am Fraunhofer-Institut für Arbeitswirtschaft und Organisation (IAO)
1993 - 1996	Wissenschaftlicher Mitarbeiter der Universität Stuttgart am Institut für Arbeitswissenschaft und Technologiemanagement (IAT)
1996 - 1997	Wissenschaftlicher Mitarbeiter am Fraunhofer-Institut für Arbeitswirtschaft und Organisation (IAO) und stellv. Leiter des Competence Centers „Rapid Product Development“
1994 - 1997	Berater für die Europäische Union im Bereich „Innovative Produktentwicklung“
seit 1998	Referent bei der BSH Bosch und Siemens Hausgeräte GmbH, München

Korntal, im Dezember 1998